私たちの決断

あの日を境に……

はじめに ―楔(くさび)を打つ人―

原発賠償京都訴訟原告団 共同代表
福島 敦子

二〇一七年四月初旬に、みなし仮設住宅の無償提供期間が打ち切られたわが避難住宅の目の前には、四つのため池が広がっています。初夏の今頃から風に乗って鼻につくようなカビ臭がしてきますが、その泥水からすっくとまっすぐ天に向かって伸びた一本の先に、白くて大きな蓮の花が凛と咲き始める季節は、早いかな今年で七回目になろうとしています。

二〇一一年三月一一日、東日本大震災に伴い福島第一原子力発電所の炉心溶融事故が起きました。一号機の外部電源喪失から始まり、翌一二日の三号機の原子炉隔離時冷却系自動停止。一号機の原子炉建屋上部の水素ガス爆発。一四日三号機原子炉建屋において爆発、二号機燃料棒の全露出、一五日の四号機の爆発と遊園地のアトラクションであってほしい悪夢は続き、当時、南相馬市から福島市へ避難していた私たち家族や周りの避難者は、口をそろえて「死ぬ時は死ぬんだな」と言い合っていました。

あの日あの時から、「原発から拡散してくる放射性物質からの被ばくを避けるために」少ない情報を集め、自分自身で多くのことを考え、さまざまな土地に流れ着き、多くの困難に直面しても、たくさんの悔し涙を流しても、体力の限界の中、経済的な困窮の中、ふるさとへの思いを胸に秘め、体調を崩しながらも、私たちの人生はさまざまな道をたどり、今日までひたすら生きてまいりました。

今まさにその五八世帯一七五名（後に一世帯一名が取り下げ）が、この京都の地で、数奇な運命でもって京都地方裁判所へ集結しています。私たちは、二〇一三年九月一七日に三三世帯九一人で集団提訴をし、二〇一四年三月七日には二〇世帯五三人が二次提訴、二〇一五年七月七日には一一世帯三一人が三次提訴し、事故をなかったことにして、原発の再稼働を推し進める国と東京電力に対し責任を認めさせ、原発事故が起きた原因の究明をするよう求めています。そして、法定被ばく限度量である年間一ミリシーベルトを遵守させ「避難の権利」を認めさせ、原発事故被災者全員への医療保障や雇用対策、放射能健診などの恒久的な対策を求めている原発賠償京都訴訟原告団です。

日本中で原発事故の放射性物質拡散による汚染の実態は情報統制が敷かれているとしか思えません。福島県を中心に小児甲状腺がんの多発や他臓器の健康被害が増加しています。それでも政府は健康調査を矮小化しようとしています。避難者用住宅の一方的な打ち切り問題や、帰還困難区域の山火事による空間線量および土壌汚染量の濃縮。私たちは、意見陳述や本人尋問において、この許されぬ事実を、裁判官へ訴え、民意に訴え、理不尽な仕打ちの数々にまるで蓮の花のように凛としてひるむことなく、大きな「岩」を動かすように「楔」を打ち続けています。

そして、この京都で出会えたみなさまとのご縁に心から感謝し、みなさまとよりつながって、大きな「うねり」を作るべく「楔」を打ち続けます。この本は、そんな思いを込めて、みなさまのもとへ届けたい気持ちで作りました。これからも、ともに。

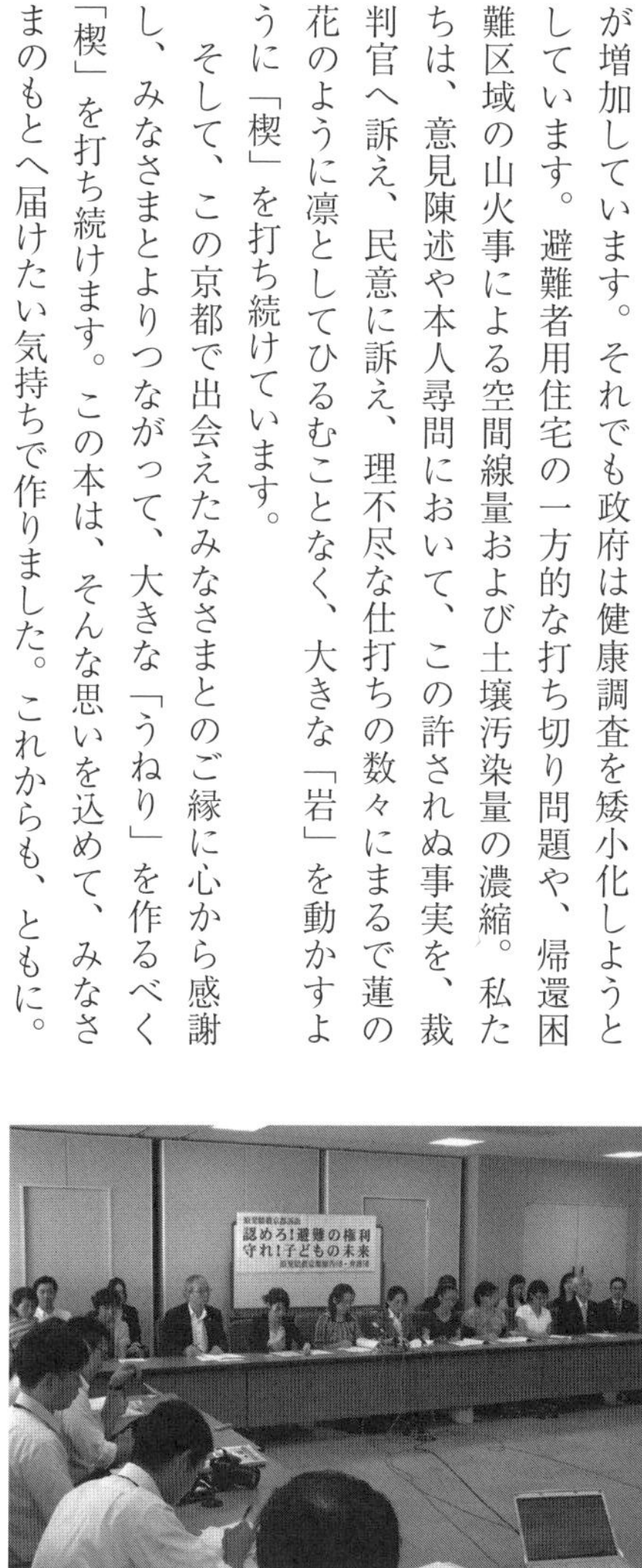

第１次提訴（2013年９月17日）

目次

特別寄稿

支援する会共同代表からのメッセージ

原告の思い～アンケートから

特別寄稿

弁護団からのメッセージ

原発被災者に対してご支援を！

原発賠償京都訴訟弁護団
団長　川中　宏

人は、常に自分の人生の主人公であり、幸福を求めて自分が思い定めたとおりの人生を自由に生きる権利（幸福追求権）を有しています。わが国の場合、この幸福追求権は憲法一三条によって侵すべからざる基本的人権として保障されています。したがって、他人の幸福追求権を侵害し、その人生を狂わせた者は、それに相応する損害賠償義務を負わされるのは当然です。

この法原則は、前橋地裁の判決（二〇一七年三月一七日付）も明確に認めました。しかし、各論に入って個々の原告の損害額認定のところでは、あまりにも低い損害額しか認めず、多くの原告の請求を棄却しました。何故そうなったのでしょうか。今いろいろの角度から分析されているところですが、私は、三・一一事故によって自分の人生を狂わされた被災者の困惑・怒り、煩悶、悲しみ、苦労、恨み等に対する裁判所のシンパシー（共感）が弱かったせいではないかと思います。

原発賠償京都訴訟は、二〇一三年（平成二五年）九月に第一次の提訴以来、約四年間にわたりたたかって来ましたが、圧巻と言うべきは、原告五七世帯のうち、病気等で出頭不可能な人を除く全世帯から次から次へと証言台に立ち、合計五四名が証言したことでした。

三・一一事故によってそれ以前に原告たちの享受していた平穏な生活が一瞬にして崩れ落ち、放

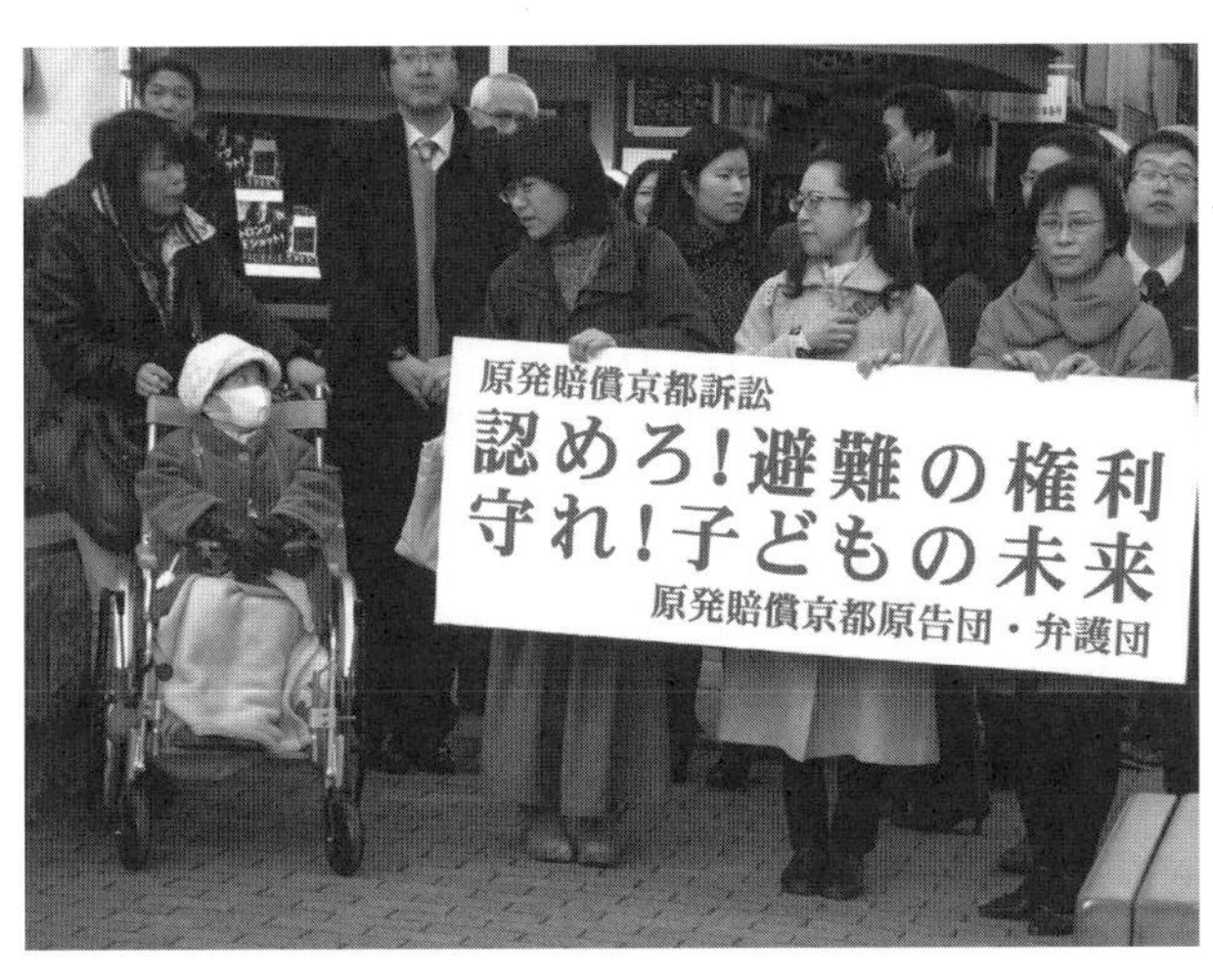

第２次提訴（2014年３月７日）

射能から自分と家族（特に幼い子どもたち）の命・健康を守るために遠く京都まで避難せざるを得なかったこと。その選択を実行するまでの葛藤、煩悶。払った犠牲の大きさ。見ず知らずの土地での苦労、不便、生活苦等々について五四人がそれぞれの経験に基づいて証言したのでした。原告一人あたりの尋問は三〇分から一時間くらいの短い時間でしかなかったのですが、五四人もの口から次々に語られた個々の被害の実態は、まるで交響楽団が奏でる交響曲のように一つにまとまって私たちの心に重く響き、肺腑をえぐったのでした。裁判官の胸にも大きなシンパシーを与えたに違いないと確信しています。

どうかみなさんもこの本をお読み頂き、原発被災者に対するシンパシーを強められて、ますますのご支援を心からお願いするものです。

原発賠償京都訴訟の概要と意義

原発賠償京都訴訟弁護団
事務局長
田辺　保雄

一　裁判の概要

原発賠償京都訴訟は、平成二五年九月一七日に第一次提訴、平成二六年三月七日に第二次提訴、平成二六年七月七日に第三次提訴を行い、五七世帯、一七四名を数えます（以下「京都訴訟」といいます）。

京都訴訟では、東電と国を相手取っています。そして、避難をしたことによって生じた損害を賠償するよう求めています。

国と東電の責任原因は、津波対策を怠ったこととシビアアクシデント対策をしなかったことの二点です。

そして、私たちは、原発事故によって避難指示の出た地域だけでなく、広く汚染があった地域からの避難によって生じた損害も事故と因果関係のある損害だと主張しています。

放射線障害から国民を守るため、公衆被ばくの線量限度は、年間一ミリシーベルトとされています。ところが、国は、避難指示を出した区域であっても、年二〇ミリシーベルト未満になれば帰還してよいとしています。原発事故の被害者は、守られるべき国民ではないのでしょうか。

第３次提訴（2014年７月７日）

私たちが求めている損害は、引っ越しに要した費用や、母子避難で必要となった家族の面会交通費だけではありません。

避難によって、それまでのコミュニティから引き離されたのですから、そのことを損害として認めてもらうことも必要です。

二　裁判の目的

東電は原賠法に基づいて無過失責任を負っているので、津波対策の過失や、シビアアクシデント対策をしなかったことの主張立証をしなくても、東電から賠償金を得ることは可能です。東電が払うのだから、支払だけ考えれば、国を相手にする必要もありません。

しかし、京都訴訟は、あえて国をも相手にしています。そして、東電に対しては、無過失責任を問うだけでなく、過失責任をも問うているのです。

これは、国や東電の過失を認めさせ、避難を強いられた人々の生活を元に戻すべき義務があることをはっきりさせるためです。

京都訴訟は、ほかにも避難によって生じた損害を回復させることや、真相を解明することも目的にしています。

しかし、一番大切な目的は、避難という辛い選択をしたことが間違いではないと、国、東電に認めさせることです。避難指示が出ていない区域からの避難に対し、国は全く支援せず、東電は賠償を認めようとしません。

そのため、避難指示区域外からの避難者は、社会から全く見えない存在になってしまっています。こうした避難者に目を向けさせ、避難行為の正当性を明らかにすることこそが、今、求められていることなのです。

原告の思い

原発事故後、私たちに起きたこと

阿部　小織
（福島市から京都市）

年間被ばく量が、毎時一ミリシーベルトから、二〇ミリシーベルトに引き上げられました。

親たちは撤回を求めて、雨の中、文科省に要望しましたが、未だ毎時二〇ミリシーベルトのまま。

福島県民、福島の子どもたちだけ毎時二〇ミリシーベルトは我慢しろってこと？

ＳＰＥＥＤＩの情報が知らされることなく「直ちに健康に影響はない」と言われました。

その言葉のせいで無用な被ばくを強いられました。

いろんな線引きをされ、県民の間には望まない分断がうまれました。

これ、国の常套手段です。

農産物が売れないのは風評被害だとされました。

いいえ、実害です。確かに汚染されてしまったのですから。

風評被害払拭のために、真っ先に犠牲になったのは子どもたちです。給食が地産地消にいち早く戻されました。

それでも県庁の食堂には「県外産食材を使っています」と書かれていました。

二〇二〇年に「復興オリンピック」という名の下に、東京オリンピックが決まりました。

お願いですから、都合のよい時だけ「復興」という言葉と被災者を利用しないで下さい。

正しい情報発信がされず、無理解な大人の発言を聞いた子どもたちは「賠償金もらってんだろ」と自主避難の子どもをいじめました。

悲しいかな、他人事ではありません。

復興大臣からは、「自主避難は自己責任」「震災が、東北でよかった」と、言われました。

「ふざけんなぁ（怒）」と叫んでしまいました。復興大臣が思わず言っちまった言葉。でも、これ、国の本音だよね。

原発事故後、ドイツが脱原発に舵を切りました。その後、スイス、台湾、韓国も脱原発を表明！

事故を起こした日本は、教訓を活かすどころか再稼働を推し進めます。これって、どう考えてもおかしいよね。

小児甲状腺がんの子どもが、検査開始から合計一九一名（うち良性一名）となりました。

検討委員会は、「原発事故の影響ではない」と言います。それじゃあ、この多発の原因は何？　ちゃんと調べて説明して下さい。

まだまだあるけど、書ききれません。

原発事故が起きたら、もう取り返しがつきません。人生が変えられてしまいます。心も体も疲れ果て、壊れてしまいそ

卒業できなかった小学校

うです。

本来ならかからなかったかもしれない病気のリスクを一生、背負わされることになりました。国や東電は、私たちや子どもたちの命や、健康よりも経済を優先させました。私たちは切り捨てられたのです。

それでも、私たちは諦めません。諦めたらそこで終わってしまうから……諦めません。私たち原告は全国の人たちと繋がり、声をあげ続けます！

子どもたちの命と、健康、未来が守られる日まで……。

なぜ私は自主避難を選択せざるを得なかったのか

阿部　泰宏
（福島市在住）

私は当時、福島市で実母と妻そして九歳の娘と暮しておりました。二〇一一年三月一一日に東日本大震災が発生。その日の夕刻から東電福島第一原発の異変が伝えられました。刻一刻と悪化の一途を辿る原発の状況に対し、テレビから伝わる政府、東電の広報担当者のコメントぶりは努めて平静を装う風で、私は「彼らはどうしたらいいかわからなくなっている。とにかくパニックを避けることしか考えられなくなっている」と直感し、とりあえず最悪の事態を想定して行動しようと家族全員で避難を決断しました。この段階では知り得ませんでしたが、福島市の環境放射線量が正常だったのは一五日の一五時時点の毎時〇・〇八マイクロシーベルトが最後でした。一六時には毎時一・七五マイクロシーベルトに、一七時には毎時二〇・二六マイクロシーベルトという高線量に達していました（「福島県内各地方環境放射能測定値・第四報」福島県ホームページより）。

ひとまずめざした避難先は、私が勤める映画館の本社がある山形市です。しかし、ガソリンの調達と自宅待機状態にあった他の同僚たちの避難意思の確認に時間が取られ、結局避難できたのは発災から五日後、一六日の夕方でした。雪がしんしんと降り積もるなか私の母と妻子、二人の同僚を車に乗せ、国道の峠道を越える時のいいようのない安堵感と私だけが福島市を見捨てていくような後ろめたさが入り混じった気持ちは一生忘れられません。その後曲折の末、妻子の避難先が京都市に落ち着くのは二〇一一年の夏です。私は、生計を支えなければならないために福島市にそのまま留まるという、典型的な母子自主避難となりました。

運命が大きく変わってしまったあの日から七年目を迎えましたが、福島市は未だ至るところにホットスポットが残存しており、私は日々放射線の不安やリスクと向き合いながら暮らしています。この怒りといらだちは、福島に住んでいる者にしかわからないでしょう。他方、国も行政も「除染は済んだ。福島は安全になったのだから、帰還しろ」の一点張りですが、それはマイナス一〇ぐらいに汚された大地をゼロ復旧できたわけではありません。除染はほぼ完了と言っても作業が行われたのは、主に市街地のみで山林はほぼ手つかず。広大な福島県の面積に対して、一％にも満たないのではないかという指摘もあります。まるで、福島県全土がきれいになったというイメージだけが先行することにも違和感があります。

そもそも、なぜ私は避難者にならねばならなかったか？　それも自主避難という避難者でなければ避難することができなかったのかとずっと自問してきましたが、それはとりもなおさず私が二八万六〇〇〇人という人口を抱える福島市民だったからと思っています。県庁所在地である福島市は福島県の行政圏であり、そこから避難世帯は一家族たりとも出せないという底意が働いた、結局のところ国も行政も私の子どもの命よりも役所機能の維持と経済性の維持を優先させたと思わざるをえません。

六年経ち、ここにきていろいろなことがわかりはじめ、新たな問題もあぶりだされています。最たる例は、子どもたちの甲状腺がん多発をめぐるリスク評価の問題。二巡目で新たに六八人の悪性ないし悪性の疑いと判定された症例が見つかり、このうちの六二人が一巡目の先行検査の段階ではAないしA2判定だったという事実は、わずか二年程度でこんなにたくさんがん化するのはおかしいと、それまで一枚岩だった県民健康検討委員の間に微妙な齟齬を生じさせています。検討委員会は「(原発事故との）因果関係は否定できないが考えにくい」という意味不明な、後年どっちの結果に転んでも責任を問われないで済むあいまいな見解を出しています。またも同じことが起きている—最初からこうでした。一つの数値、一つの事実をめぐって専門家の意見は真っ二つに割れ、その都度われわれ一般市民は狭間に宙吊りになり、個々人に判断がゆだねられてきました。そもそも、この問いは個人や一家族が背負いきれるものではないにもかかわらず……。

福島県中通りを覆う低線量長期被ばくがもたらす健康リスクの問題は五、六年で結論が出る問題ではなく、一〇年から一五年、いや二〇年というオーダーで臨まなくてはならない問題であることはこの甲状腺がんの問題をもってしても明らかでしょう。自主的避難者に対して、「良識を振りかざすな。きれいごとでは現実は回らない」という意見もよく耳にします。私だってバランス感覚は人並み以上に持っているつもりですが、物事には程度問題があります。子どもの命が係数になったら、親として良識を働かせないわけにはいきません。ましてや世界でも例を見ない状況下に福島市は置かれたわけで、子どもの将来にかかわる問題に予断を持って臨むわけにはいきません。

良識論でいうなら、例えば私は妻子に会いに来るときもっぱら高速道路で、福島―京都間七三〇キロの距離を走ってきますが、高速の制限速度が時速八〇キロのところをたいていの車が一〇〇～一二〇キロの速度で走ります。一般公道の制限速度五〇キロのところを六〇キロで走っても黙認されるのと同じです。法定速度どおりに走っていたら途端に後続車に煽られかねず、逆に危険なのが現実。法定速度は「良識」、しかしそれプラス一〇キロの許容量という「常識」によって、現実の交通事情は円滑に流れる。それと放射線に対する考え方は似ています。被ばくの年間許容放射線量一ミリシーベル

親子で

トというのはいわば「常識」。本来はゼロという「良識」の値が望ましいけれど、それでは現実的じゃない。ゆえに最低限の我慢値、常識的妥協点として年間一ミリシーベルトが国際合意として設定されたと聞きました。あの時、国は福島の年間許容線量を二〇ミリシーベルトにまで引き上げようとすらしたのです。子どもも含めてです。なぜ、福島の子どもだけがそんな非常識を常識として受け入れなければならないのか。こうした発想は事故後のリスクマネジメントすべてに根差しており、原発事故子ども被災者支援法をどこまで運用するかという問題をめぐって、復興庁の官僚がツイッターで呟いた「白黒つけずに曖昧なままにしておく解決策もあるということ」という思想は今もなお、中通りの低線量被ばくの問題に対する国や東電の基本姿勢のように思えてなりません。こうした観点からも私は六年前のあの時、直感に従って自主避難という判断を採ったことは、今なお妥当性があると確信しています。

福島原発事故・見えない敵から逃れて

井原　貞子
（郡山市から京都市）

平成二三年三月一一日の東日本大震災・原発事故は、今でも信じ難い恐怖以外の何物でもありません。いわきから郡山にかけての阿武隈山地一帯はかつて磐城・岩代の国と呼ばれ、安定地盤として昭和三〇年代の遷都論でも有力候補になった地域です。この大地震前の数ヶ月は変に福島県沖と茨城県沖に地震が群発していましたが、私たちの時代には決してあってはならない東日本大地震でありました。福島原発が福島県の太平洋側（浜通り地方）に稼働していたからです。

地震当時、四方からまた地底からゴーッと唸るような響きが振動を伴って続きました。私は職場のカウンター下にかがみ込み、いつ止むのかと耐える時間がとても長く感じられました。それもそのはず、大きくぶり返しながらの長い揺れは、北から宮城県沖、福島県沖、茨城県沖と、三件続いて発生した連続地震だったと後で知りました。

地震直後、職場の携帯ラジオから流れる原発被害のニュースに一同声を失いました。続く原発事故のニュースは、職場の人たちの悲愴感を煽り不安が募っていきました。私はこの頃から絵のように美しいこの福島県が放射能汚染によって失われていく……という足下の砂が崩れるような、現実を疑いたくなるような気持ちになっていきました。帰宅途中、崩れつつある大きな建物から火の手が上がり、サイレンが鳴る中、信号が機能しない道路を、道路が裂けるかもしれないと怯えつつ運転するのが精一杯でした。自宅の母は、また認知症初期の父はどうしたかと気がかりでした。

父は地震後デイサービスの施設から送迎されて無事帰宅し、母は茶の間の大きなコタツテーブルの下で難を逃れたそうです。自宅は母屋の屋根瓦が七〇枚ほど割れ落ち、瓦礫の山ができていました（向かいの家は二〇〇枚割れ落ちたそうです）。後にキッチンの天井は雨漏りがするようになりました。一階は下駄箱や仏壇が倒れ、二階は足の踏み場もないほど家具やガラスが散乱していました。

夜になって遂に断水、電気も遮断され、二、三日後通電しました。困ったのは水です。私の住む郡山市だけはついに水道の復旧見通しの通知を出しませんでした。

かつて、オランダ人技師ファン・ドールンの監修で猪苗代湖から安積疎水が引かれ安積平野、即ち郡山市民の喉を潤した水。水道代は全国でも上位でしたが、これが、「他の飲み物より水が一番美味しい」というほどの名水でした。貯水池も町中にあり今にして思えば水質検査など手間取っていたかも知れません。買い置きの飲料水では足らず、翌日から近所の井戸水を分けて戴き本当に助かりました。さもなければ、多くの市民のように市役所前の開成山公園での給水に四時間並ばなければなりませんでした。甥と姪の二人も並んだそうです。後にこのことは、多数の市民が長時間戸外にいて「被ばくしたのでは」という問題になりました。井戸水を分けて下さった近所の方は、数ヶ月後がんで亡くなりました。

水道は震災後四日目の三月一五日(火)に復旧しました。太平洋から約七〇キロメートル、いわきまで車で一・五時間かかる郡山でこのような大災害は初めてでした。母に言わせると、太平洋戦争以来の大惨事とのこと。なるほどそういえば、全方位身の危険を感じ、安全な身の置き所を感じられない不安は、戦争の恐怖に似ているのだろうと思われます。そして敵は、原発爆発によってばら撒かれた見えない相手、放射能。目にも見えず音もなく、無残にいのちを遺伝子を破壊する核物質――これは核による戦争とも言えるのではないでしょうか。福島原発事故では広島原爆の四〇〇〇発分の放射性物質がばら撒かれ、セシウム放出量はチェルノブイリ原発事故の四・四倍（矢ヶ崎克馬氏）ともいわれます。子どもや高齢者でなくても人が逃れるのに説明は不要です。危険な場所に留まる理由もありません。

東京電力福島原子力発電所の存在は、ひび割れや故障等での不具合の度に当時の知事が駆けつけ警告するなどで、またかと思うほど何度もマスコミで報道されました。しかも、もっぱら東京への み供給する電力のためだけに、産業の少ない浜通りの、地震の起きやすい沿岸に原発を一〇基も建設し、交付金と引き換えに常に地元は原発事故の危険性を抱えてきました。原発事故の不安を訴える住民の声を退け、何度故障が起きようとも原発推進の国策が優先して推し進められてきたのです。

チェルノブイリ原発事故から今年は三一年目に当たります。同事故から二〇年後の節目に当たり、日本がチェルノブイリ事故後にロシアに援助した医療機器の点検・調査に、私の知人がその専門家として外務省の委託で入りました。ウクライナ、ベラルーシ、カザフスタンの三ヶ国へ三ヶ月の調査です。帰国後郡山で私は一人その報告を二時間聞かされました。福島原発事故の五年前のことです。たくさんのカラー写真の中に、首の回りに沿った傷跡を映した人々の写真がいくつかありました。甲状腺がん手術後の傷跡「チェルノブイリネックレス」と知りました。当時手術をした子どもは成人して、その後生まれた子どもたちも生まれつき身体の異常や体調の悪さ、病気に苦しんでいる。そのような人々が何と多く、長い苦しみを味わっていることか、このようなことが人間の発明した原子力開発の犠牲としてあってよいのかと思わされました。ひとたび原発事故が起きれば甚大な被害を長期間もたらし、生命を滅ぼす被ばくの恐ろしさを印象強く知らされました。現代は、三世代目の子どもの約八割が何らかの障害を持って生まれているそうです。フクシマの二〇年後、

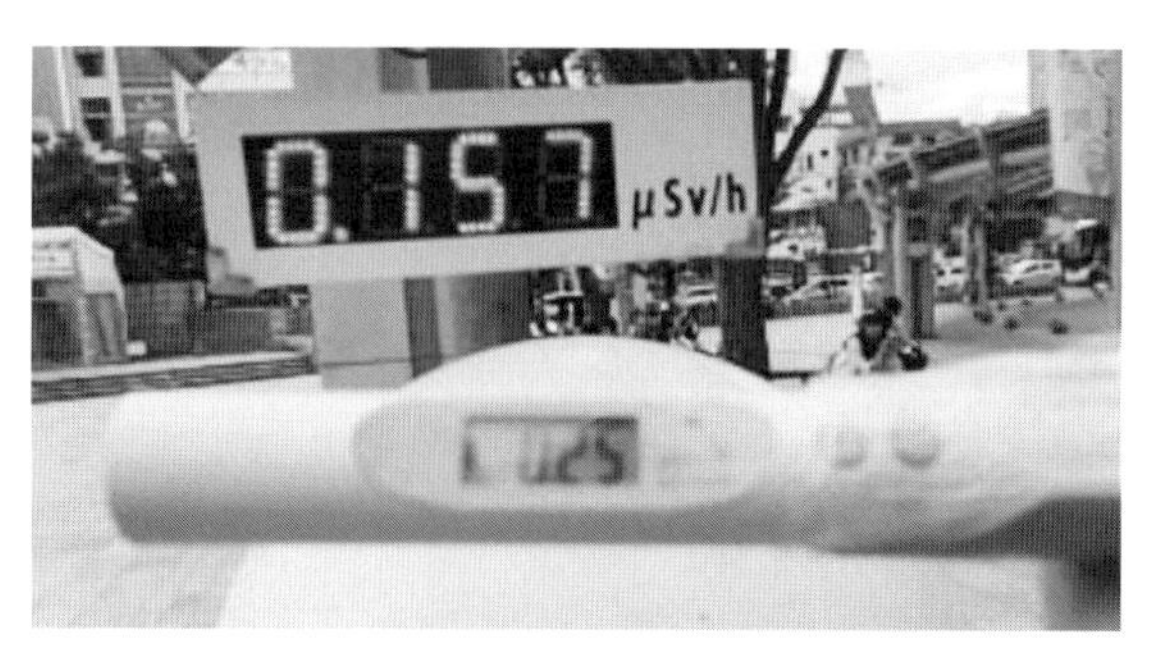

異なる測定値 !?

三〇年後の人々は健康で幸せに暮らしているでしょうか。

福島原発事故から直接「避難する」ことになった理由は、福島原発に勤務する夫の知人から「水素爆発の可能性がある。なるべく早く遠くに逃げた方がいい」との連絡があったからです。現場を知る人からそのようなことを聞いて、まず危険から遠ざかる覚悟、しかも即刻の決断を迫られた思いでした。すでに関西空港には帰国する外国人が殺到し、母国へと飛び立っているではありませんか。私も心の中では同じ気持ちでありました。かといってすでに八〇歳代の両親を被ばくするような環境に置き去りにして遠方に自分たちだけで逃げることなどできません。子ども同様免疫力の低下した高齢者でしかも最も大切な両親です。一度も福島県を出たことのない二人の人生を大きく変える責任に押しつぶされそうになりながら、まずは命を守ることを第一に両親を自家用車に乗せ、ともに家を後にしました。

私たちの地域では、チェルノブイリ原発事故のように政府による強制避難があったわけでもなく、人命に関わる非常事態でありながら明確な情報提供や指示はなかったのです。誰もが驚愕と混乱の渦にあったでしょう。しかし、その後の行動は個人の選択により千差万別となりました。路頭に迷い、親戚縁者とのコミュニティを失いました。四年後、避難先の京都で父は亡くなりました。今、郡山の自宅の前庭に、敷地の除染物質が全て集められ埋められています。陽光の下、家族が集った縁側でした。原発事故さえなければ避難する必要はなかったのです。どうか、縁側で談笑する家族の普通の幸せを返していただきたいと思います。

被災七年目におもうこと

宇野　朗子
（福島市から京田辺市）

「帰れると思う?」友はそう言って、ひたと私を見ました。私ははっと息をのみます。チェルノブイリ事故の後、廃村になった村の光景がよぎりました。「分からない……」。それでも行こう」。私たちは、車に乗り込みました。二〇一一年三月一一日真夜中のことでした。夜空を見上げた頬に、白い雪が舞い降りました（この雪はまだ大丈夫だろうか?）。西へ行こう。子どもたちを遠くへ――。

私たち家族は、最初の一ヶ月を山口県宇部市の実家に避難し、その後福岡県に母子避難、二〇一三年からは京都府南部に移り住んできました。おかげさまで、昨年（二〇一六年）ようやく家族三人の暮らしを再開しました。引っ越しはのべ一〇数回、家族の移動距離は尋常ではなく、貯金は底をつく勢いでした。過酷な生活が続く上に連れ合いは被ばくも重なり、たびたび体調を崩しました。避難当時四歳だった娘は今は一〇歳、元気な京都弁の女の子です。最近、私たちは、娘が高校を卒業するまではここに住み続けようと決めました。

私は、三・一一の起きる一年前から、福島でプルサーマルを止めるために動き回っていました。二〇一〇年の六月には、福島第一原発ゲート前で震度五弱の地震に遭遇、その後外部電源全喪失事故が起きたことも、マスメディアはこの重要な事実を十分に報道しないことも、見てきました。福島県議会がプルサーマル反対の請願を否決したことも、福島県が東電や保安院のごまかしに目をつぶり、積み残しの課題に蓋をしたままプルサーマルを受け入れたことも。そして、住民説明会も開かないまま県民にさらなるリスクを背負わせた佐藤雄平知事を、福島県民はその秋再び知事に選んだのでした。

一方で、原発の危険性に警鐘を鳴らし続けていた人たちにも出会いました。佐藤栄佐久知事時代、福島県は、電源立地県として原子力行政の徹底した情報公開と政策決定への国民参加を求めて、国に物申していたことも知りました（福島県エネルギー政策検討会「中間とりまとめ」）。また県庁前で毎日アピールをしていれば、そっと寄ってきて差し入れをしてくれる人や、「本当は心配、でも地元で言えないから、がんばって」とささやいていく立地町民も少なからずいました。「友人が原発の仕事に入って数ヶ月後に、珍しいがんが多発してあっという間に死んでしまった」と話しにくる人もいました。原発はいのちの問題。取り返しのつかないことが起きる前に、どうやったら多くの人たちに伝え、本当の対話ができるのかと、必死で模索していました。県を動かすのは、私たち県民の多くの声なのですから。

だからあの日、私が揺れる大地にしがみつきながら思ったのは、「間に合わなかった……！」という想いでした。いえ、そうなってほしくはなかった。けれども電源回復の報はついになく、災害対策本部の文書には炉心損傷開始の推測時間が記されていました。これを見てメルトダウンの可能性が高いと判断し、夜中の緊急避難を決めたのでした。

あれから六年四ヶ月が経ちました。一体、日本はどこに向かうのでしょうか。

私たちが、これから何世代にもわたり、未来の人々に原発事故と放射能汚染という重荷を引き渡すという、この重い現実に、私たちは本当に向き合っているでしょうか。

福島原発事故は収束のめども立たず、いたずらに大勢の人々を被ばくさせています。

避難区域はどんどん解除されていきます。賠償は打ち切りに。区域外避難者にかろうじてあった住宅提供も、この春打ち切りとなりました。まるで原発事故などないかのように、放射能の危険などないかのように、前向きに生きることを強いられています。

この国の権力者たちは、最後の一滴まで原発利権の甘い汁を吸おうと、原発を再稼働させていきます。海外に売り込もうとさえしています。全国の電力会社は今年も全ての株主総会で、脱原発の提案を否決しました。

先日、福井の原発にほど近い宮津市の避難訓練の様子を見ました。汚染チェック、除染、安定ヨウ素剤配布と、これまでよりもずっと本格的な訓練です。放射能が検出された人は、衣服を脱ぎ、シャワーを浴びます。そして裸の状態で再度チェックを受けます。衣服はその場で廃棄し、別の服をもらいます。そしてみんなでバスに乗り込み、避難するのです。自治会長さんは、「原子力災害も他の自然災害と同じ。日頃のコミュニティのつながりがしっかりと作れていれば、きっと乗り越えられる」と胸をはります。「訓練も避難計画も今後もっと改善していきます」とも。そうして人々は全てを捨てて故郷を離れる準備をするのです。避難の目安は毎時五〇〇マイクロシーベルト。多少の被ばくでたじろがない「正しく怖がる」国民をつくっていくのでしょう。福島の悲劇があってなお、人々は、そうしたことを飲み込みながら原発を動かし生きなければならないのかと、胸がはりさけそうでした。

私たち被災者が起こした民事訴訟は、全国二一ヶ所で提起され、原告は二万人を超えると言われています。先日、東京地裁で、東電元幹部三人の刑事裁判を傍聴しました。一万四〇〇〇人を超える市民が告訴人となった大集団告訴と、二度の不起訴、二度の検察審査会を経て、ついに三人は強制起訴となり、刑事裁判が開かれたのです。三人の被告人は無罪を主張しましたが、検察側が出した数々の証拠は、彼らが、津波対策は不可欠と知りながら先送りにしてきた事実をくっきりと浮かび上がらせていました。

この事故はどうして引き起こされたのか。そしてなぜ被害を拡大するようなことが行なわれているのか。私たちは真相を究明し、今も続く原発事故の被害を食い止め、事故が再び起こらぬことを心から願います。だからこそ、責任を負うべき人々が過ちを償うよう、力を合わせて被害の賠償と謝罪を求めます。

今日は奇しくも月命日、そして「共謀罪」法の施行日でした。ますます戦前・戦中のような政治がまかり通る日本ですが、かつての福島県エネルギー政策検討会が呼びかけた、「住民も自治体も中央依存から脱却し、自ら情報を得て行動すべき」を今こそ日本中が実行しなければならないのだと思います。そして自らの尊厳と真実を語る勇気を手放さず、つながりあって、この国の〈無責任・無反省の体系〉の中で人々が犠牲を強いられる悲劇を終わらせたい。すべてのいのちが大切にされ、その人らしく生きることができる社会を子どもたちに手渡したい。これが原発事故七年目の今、ますます募っていく想いです。（二〇一七年七月一一日）

私が裁判に挑む理由（わけ）

川﨑（茨城県北茨城市から京都市）

茨城県北茨城市から京都市に二〇一二年一月より避難しております。

避難当初は子ども三人と暮らしておりましたが、長男は地元でなければ暮らせないと心の葛藤の末体調を崩し、避難して一年一〇ヶ月後に帰郷してしまいました。

避難元である北茨城市は、平成二七年八月二五日、平成二六年度の甲状腺超音波検査事業の結果を公表しました。その内容は、東日本大震災時、福島第一原発事故発災時に北茨城市に居住していた一八歳以下を検査対象者六一五一名とし、そのうち三五九三名が超音波検査を受け、三名が甲状腺がんと診断されたというものでした。

ここで、北茨城市の位置と事故当時の放射能汚染状況を記します。

北茨城市は、茨城県の太平洋沿岸、福島県いわき市との県境にあります。自宅は、福島第一原発から六八キロにあります。京都市と大飯原発の距離くらいでしょうか。北茨城市の事故後放射線量の最大値は二〇一一年三月一六日午前一一時四〇分、毎時一五・八マイクロシーベルトでした。市庁舎前モニタリングの観測値です。これは、「年換算で一三八ミリシーベルトにも達する値」であり、また、「法律で定められた公衆被ばく線量限度年間一ミリシーベルト」をはるかに超えていました。二〇一一年一二月には、環境省により汚染状況重点調査地域に指定されています。

また、アメリカ国家核安全保障局による大気中のダスト分析データには、二〇一一年三月二三日午前二時四三分、ヨウ素一三一は、立方メートルあたり一六〇・〇四ベクレル、α線総計立方メートルあたり一・四五ベクレル、β線総計立方メートルあたり一五二〇・九九ベクレルとありました。

これらのデータを検索していた時の私の思いは、「避難しなくてもいい、安心なデータがほしい！」というものでした。安心したくて、安全を確かめたくてデータを検索する日々でした。

ところが、情報を知れば知るほど、「ここにいてはいけない、まず、避難だ。それからまた考えればいい」という思いへと変わっていきました。そして、夫の反対を押し切って子連れで避難となりました。

この避難を実現できたのは、住宅無償提供があったからこそなのです。普通の引越しであれば、家族力を合わせて場所を決めたり、手続きをしたり買い物をして準備ができます。

しかし、周りの反対を押し切っての避難というものは、家族や友人の一人ひとりに苦しみ悲しみをもたらすものでもあり、子どもたちの被ばくに細心の注意を払う生活の中、口にしにくい放射能のことを説明して回り、家では、ひとり荷造りをする日々が続き、そしてようやく避難当日を迎えるのです。心理的にも経済的にも切羽詰まった状況の中で、まだ仕事のない新しい土地に家族の反対を押し切って住宅を得るということは、支援がなければ、普通のサラリーマン家庭では非常に困難なことなのです。

誰ひとり知り合いのいない京都に避難して五年六ヶ月（二〇一七年七月現在）、ようやく親子とも居場所ができ、地域の一員として前向きに生活することができるようになりました。子どもたちは、もう転校したくないと言っています。私もまた、新しい土地でゼロから始めることは非常に厳しいと考えております。

二〇一二年六月二一日に衆議院本会議で全会一致で可決した「原発事故子ども・被災者支援法」は、国が、被ばくした被災者に責任を持つと表明しています。そこには、「被災者一人ひとりが、居住・移動・帰還の選択を自らの意思でできるよう国が適切な支援を行う」ことが理念とされています。

ところが、二〇一五年六月、自主避難者の住宅無償提供打ち切りという、選択の権利を奪い、避難者の命綱を切って帰還を促す施策が堂々とまかり通ってしまいました。新たな復興加速化指針には居住制限・解除準備地域について、二〇一七年三月までに解除し、その一年後で賠償を打ち切ると書かれてあります。私たちのような自主避難者の存在自体、あってはならないということなのでしょう。

国連人権理事会のグローバー勧告では、「子ども被災者支援法の基本方針を事故の影響を受けた住民や自治体とともに策定すること」や「汚染レベルを年間一ミリシーベルト未満に下げるために期間がきちんと明記された計画を早急に策定するよう」求められているにもかかわらず、人権無視の施策が続いています。

これまでも一方的な避難解除が行われてきました。原発再稼働、原発輸出ありきの経済最優先のこの国のあり方は、原発事故とそれに伴う放射能汚染をなかったものとし、事故の責任の所在を曖昧にし、今ある命、未来の命を脅かすものです。

ここのところ、人権を踏みにじる憲法改正への動きもあり、この時期に提訴となったことで、人権を守る司法の力をよりいっそうかけがえのないものと感じております。

どうぞ、真実が明らかにされ、人権が尊重される世の中となりますよう、お力添えをお願い致します。

大気汚染データ　http://www.ne.jp/asahi/nonukes/home/docs/airdust_nnsa.html

北茨城市甲状腺検査　http://www.city.kitaibaraki.lg.jp/docs/2015082500032/files/koujousenn.pdf

私が幸せに生きること

菅野　千景
（福島市から島根県）

今、私は海が見える親切でやさしい町に暮らしています。二〇一一年八月私は二人の娘を連れて生まれ育った福島に夫を残して京都に避難しました。

何度このことを書き、お話ししただろう。どれくらいの人に聞いていただき、その人たちの何かが変わったのか。そのことで東電の原発事故の被害者が少しでも救われ希望をもって安心して暮らせる社会に近づくことができているのだろうか。皆が流したたくさんの涙は一体どこに消えてしまったのだろうか。無駄になったのか。

私は事故により奪われてしまった穏やかで幸せな日常を家族のために一日も早く取り戻したいと、始めから思っていました。けれど一体何が日常なのかもわからなくなっていました。築五〇年ほどの狭く汚れた団地に入居させてもらい、部屋をとにかく綺麗にし身の周りを整えました。一番不安なのは娘たちです。せめて家に帰ってきた時は、学校にいた時の押しつぶされそうなほどの緊張を忘れ、ほっとできるように私は一所懸命でした。

私は避難の暮らしは早くやめたかった。でも福島の自宅のローンと税金を払いながらの二重生活。無理でした。

福島に帰りたいと泣く娘たち。用事があって車で出かけても団地に近づいてくると「あぁ、帰って来ちゃった」と毎回言っていました。私も同じでした。福島に居た頃には家族旅行から帰ると「お家に着いた！」と喜び、まさに我が家に勝る所なしです。

避難して一年後に夫の仕事が京都で決まり、家族一緒に暮らすことができました。部屋が狭かったので四畳半の部屋に布団を二枚半敷いて四人で寝るため疲れが取れませんでした。ある時、いつも私たち家族を心から思ってくださるご夫婦が所有する家を貸してくださると。我が家は借り上げ住宅を出ました。そのご夫婦は今でも我が家にとって、とても大切な存在です。福島の自宅を売却することにしました。それはもう何とも言えない、言葉にあらわすことのできない気持ちで手放したのでした。

そのご夫婦は、私たち夫婦だけで福島に帰らなければならない時、娘たちを預かってくださいました。また、夫が京都へ来てから、両目とも白内障になっており手術入院することになりその時も助けてくれました。

福島にいたなら気兼ねなくご近所や友人を頼ることができたのに見ず知らずの土地に来て、何かあると本当に困ってしまいます。特に乳幼児がいらっしゃる母子避難のご家庭はどんなに大変で心細いことかと胸が痛みます。避難元、家族構成、子どもの年齢など違いはあるが私たちは原発事故がもたらした共通の悩みや苦しみがあります。それは人間としての良心やおもいやりがある方ならばわかることと、当事者にしかわからない深い痛みがあります。

私も自分が当事者になって気づいたことがあります。東電の事故後、避難指示が出され人びとが次々にバスに乗せられて自分の町や村を離れるニュースを「どんな思いだろう。どんなに不安で切ないだろう」と思って見ていましたが、私は避難の準備をする時から家族が離散し大好きな家を離れることも寂しくて辛くて悔しくて泣いていました。心が引き裂かれる思いは生きているうちにそう何度も経験するものではありません。ただ現実に起きたことを「自分事」として捉えた瞬間でした。

先ほど借り上げ住宅に入居していた時もいわゆる支援者と言われる方々が「あなたたちが孤立しないように」と言ってこられました。私と親しい友人は違和感を感じました。どうして私たちを「孤立する」と決めるのか。見知らぬ土地に来た避難者、孤立する、かわいそう、そこに寄り添う支援者……という図。それから「こんな所に住みたくない」と言った人に対しある方が「そんなことを言うものではない」と言いました。先ほども言いましたが自主的避難者に唯一の支援である住宅の無償提供。この支援をどんなにありがたく思っているか、一番感謝しているのは私たちです。私たちが「こんな所に住みたくない」というのは、決して贅沢な不満ではなく、本来なら自分の住み慣れた場所で自分の大切な家族や友人と楽しく穏やかに大好きな自分の家で自由に暮らすことができたのにという思いが強く込められているのです。

こんな風に言葉に込められた思いを全部言語化せずとも理解してもらいたいというのは甘えなのだろうか。

京都へ来てから出会った我が家にとって大切な方々は、いつも私たち家族に限りなく近くに寄り添っていてくださり、私たちを励ますことも、無理をさせることもしません。いつも、今も限りなく近くにいてくださいます。

政府は原発事故の被害者の声も聞かず、心を寄せず、どのような状態になることが「復興」だと考えているのか、六年以上たった今でも私にはわかりません。私は知りたい！　でもそも考えなどないのではないのかと思えることが事故後何度かありました。特に復興大臣は一番に心も頭も働かせなければならないのに、二〇一一年七月松本復興大臣の発言と態度に始まり、二〇一七年四月には今村復興大臣が「自主的避難は自己責任」と言い放ちました。これはへんな表現ですが、六年以上経ちはっきり本音が聞けた思いです。今村さんは公な場で謝罪と発言撤回会見しましたが、一体何について、誰に謝罪したのか私にはわかりません。案の定、三週間後にその方は自分の住んでいる所じゃなくてよかったと本音を言いました。やっぱりと納得するのも何か違う、腑に落ちないけれど、やっぱり。

今、私が見ている海は毎日違う顔を見せてくれます。晴れた日には水平線がはっきりと続いていて地球が丸いのだとわかります。自分が地球の上にいて地球を感じ、確かにここに生きているのだと感じられたのは初めてでした。

もう二度と核によって地球を汚してはいけない。これ以上大切な暮らしを壊してはいけない。すべての尊い命を傷つけてはなりません。私は裁判を起こしたことにより、心の中のもやもやを弁護士の先生方のお陰で整理された。

被害に遭った私たちは幸せになること。

私たちが幸せになったからといっても東電と国の責任はしっかり認めてもらうこと。私が今綴った小さくても強い願いが、本当に届けたい人びとにしっかりと届くのだろうか。

多くの方へ真実を

河本　薫
（宮城県仙台市から京都市）

二〇一一年三月一一日、私は宮城県仙台市で被災しました。激しい揺れが長く続き、子どもたちを抱え、「止まって！」と叫んだのを覚えています。当時、息子は四歳になったばかり、娘は一歳三ヶ月でした。

私は原発のこと、放射能のことも考えたことがなく、とても無知でしたので、福島第一原子力発電所が爆発した映像を見ても、避難が必要などと考えもつきませんでした。その後、早い段階で八〇キロ圏内の外国人が避難したとニュースを聞いて、仙台市からも外国人が避難していたので、「あれ？　私たちは避難しなくていいのかな？」と思ったのを覚えています。

被災し停電していたので、三月一二日は乾電池を買うために子どもたちとホームセンターで二時間半並んで、結局売り切れになり買うことはできませんでした。それからも食料を買うにも長い列に並び、公衆電話でも並び、ガソリンもなくなり車での移動もできなくなったため、生活に最低限必要ないろいろな調達に子どもを乗せて自転車で走り回り、放射能が降り注ぐ中、何も知らされていない私は何も知らずに子どもたちを被ばくさせてしまいました。子どもたちに申し訳ないことをしたとずっと後悔しています。

放射能が危険だと気づいたきっかけは、二〇一一年七月に横浜市の小学校の給食で基準値を大きく超えた牛肉が使われ、小学生たちが食べてしまったと知ったことです。これは何かおかしいと思いネットで調べ出しました。放射能を気にするお母さんたちの集まりに行って、放射能がとても危険なこと、初期被ばくがひどかったこと、呼吸から心臓や肺に入ったものはほとんど排出できないことなどなど、恐ろしいことになっていることを、そこで初めて知りました。

知れば知るほど恐ろしくて、ネットの情報を見るにつけ、「汚染地の公園のベンチに座ったら生殖器が被ばくする」などの記事を見た時には、「将来うちの子どもたちはきちんと子どもが産めるのか？」などと考えたら、頭がおかしくなりそうでした。常に放射能のことで頭がいっぱいでどうすればいいかわからず、とても辛い日々を送りました。周りのお母さんたちを集めて、放射能は危険で仙台市も安全ではないと伝えても、理解してくれる人はあまりいませんでした。国が正しい情報を私たちに教えてくれないので、放射能を気にしている人は神経質な人、おかしな人になり、私は孤立していきました。

それから、疎開するとデトックスできると知って、きれいな土地、きれいな空気、きれいな食べ物で身体から放射能を排出させなければと思い、親戚のいるアメリカへ母子で疎開しました。二ヶ月後に仙台市に戻り、幼稚園で出された牛乳を測定しました。一週間分で一キロあたり一〇ベクレルも出ました。当時、幼稚園児たちはどれくらい内部被ばくしていたことでしょう。とても恐ろしく悲しいことですが、事実として起こしてしまったことです。

仙台市での子育ては不安で心配で主人に申し訳ないと思いながらも、次の疎開先を探しました。罹災証明書がなかったので、なかなか受け入れてくれる自治体もなく、やっと支援団体を見つけて、今度は石垣島へ母子で行きました。石垣島では五家族でキッチンもお風呂もトイレも共同の生活をしました。うち以外は一歳の一人っ子でしたので、うちだけ兄妹がいてうるさくなり、間もなく五歳になる息子はやんちゃで、幼稚園にも入れられませんし、疎開生活は本当に過酷な日々でした。それでも、少なくとも外遊びをさせてあげられることが嬉しくてなんとか頑張りました。

それからまた仙台市に戻り、子どもたちが遊んでいた公園の砂場の砂を測定しました。放射性セシウムが一キロあたり一〇〇ベクレル以上検出されました。原子力施設から出される放射性物質は、震災前も今も、一キロあたり一〇〇ベクレルを超える物は黄色いドラム缶に詰めて厳重管理されています。子どもたちが触っていいものではないのです。そんな恐ろしい砂場で子どもたちは遊んでいたのです。

そして、子どもたちを守るために今度は疎開でなく移住を決断しました。それまでは主人と離れて定住生活することは考えられなかったので緊急的に疎開を選んでいましたが、息子の小学校入学を機に、母子で京都市へ移住することを決断しました。とても辛い決断でした。

どうして、家族が離れて暮らさねばならないのか。お父さんとはひと月に一回会えるかどうかになり、子どもたちにもとても寂しい思いをさせてしまいました。お父さんと離れるときは子どもたちもたくさん泣き、今後の生活を考えると私も涙が出てきました。

母子生活が二年過ぎた頃、主人がたまたま京都に転勤になり、今は家族で暮らすことができています。家族が一緒に暮らせる、震災前は当たり前のことでしたが、とても幸せなことだと痛感しています。

今、私は国と東京電力を相手に裁判をしています。子どもたちに与えてしまった多くの犠牲を考えると、そして見えない未来のことを思うと悔しくて、悲しくて、辛くて、許せない、行き場のない気持ちを裁判にぶつけようと原告になりました。

震災後すぐに外国人は自国からの情報を得て避難したのに対して、日本の政府は自分たちの国民に真実を隠しました。私たちにも本当の情報を教えてくれていたら、無用な被ばくが防げたかもしれないと思うと悔しくてなりません。ずっとずっと恐怖は続いています。放射能は目に見えない、感じられない、本当に恐怖です。子どもたちがずっと元気でいてくれるよう、祈りながら生きています。

原発や放射能から逃れて今も避難している人たちが大勢いるという事実すら知らない人、知るすべを知らない人がたくさんいます。

原発がどんなに愚かで放射能がどんなに危険かも、私のような普通の主婦でも調べればわかります。もっと多くの人に本当のことを知っていただきたいと思っています。そして、事実や危険に対する可能性を情報として正確に発信し、その上で私たち国民が「判断」できるようにしてほしいです。

日本が法治国家であることを証明して欲しい
――二〇一五年九月二九日　第一〇回期日における意見陳述より

小林　雅子
（福島市から京都市）

私は、福島第一原子力発電所の事故の影響で、二〇一一年八月、娘と二人、福島県福島市から京都市伏見区へ移り住みました。

震災の次の日の一二日は、停電していない妹の家へ。そこで、一号機の爆発のニュースを知ります。福島市は、原発から約六〇キロ離れています。原発、放射能の知識などまったくなかった私は、まさか自分がその後、福島をはなれることになるなど、夢にも思いませんでした。

そして、我が家の電気が復旧した三月一四日、三号機の爆発。さすがに、二回目の爆発となると不安になりました。翌日の三月一五日、福島市の放射線量は毎時二四マイクロシーベルトでした。しかし、その二四マイクロシーベルトがどんな値なのか、安全なのか危険なのか当時の私は、さっぱりわかりませんでした。県外に住む友人から避難したほうがいいという連絡もきました。しかし、道路は寸断され、電車も止まっている、ガソリンもない、どうやって、どこに避難してよいかもわかりません。地上波のテレビでは、「レントゲン一回で浴びる放射線の量は六〇〇マイクロシーベルトなので、なんら健康に影響はありません。安心して下さい」、「直ちに健康に影響はありません」とさかんに言っていました。しかし、CS放送のニュース番組や、ネットの情報では、「原発は、メルトダウンしている」「放出された放射性物質の量は、大変な量だ」ということを言っています。

何の知識も持ち合わせていない私は、どちらを信じていいのかわからず、避難することもできず、「また、原発が爆発したらどうしよう？　どこに逃げたらいいのだろう？」とオロオロするばかりでした。

その当時ほとんどのお店は閉店しており、開いていたとしても、一時間か二時間程度、ガソリンを節約するために移動手段は自転車や徒歩。お店に着いてからも外で一〜二時間待つという状態でした。私と娘も、食料や、水を手に入れるために、店の外に並ぶという日々が続きました。

今となっては、娘を外に並ばせたことが悔やまれてなりません。そして、私が最も悔やんでいることは、二〇一一年三月一六日、福島市の水道水から水一キロあたりヨウ素一七七ベクレル、セシウム五八ベクレルが検出されたことを知らずに飲んでいたことです。我が家は三月一五日、水道が復旧しました。一五日の夜は、実家の両親を家に呼び、温かい味噌汁を作り、お風呂に入り、洗濯をし、これで、日常が取り戻せると思い、原発がこれ以上爆発しないようにと願いながら、水道が使えることのありがたみを感じていました。本当に、無知は罪です。

私は、それまで、原発のことなど、無関心、放射能の知識などゼロでした。そのため、娘や家族を被ばくさせてしまったのです。

その後、四月のはじめ、娘の通う小学校の放射線量が発表されました。地上一センチで毎時三・四マイクロシーベルト、地上一メートルで毎時二・八マイクロシーベルトでした。

その数値が安全なのか、危険なのかわからず不安だけが募る中、新学期が始まりました。

四月二五日、ネットで見つけた、ある市民団体が主催する「放射能から子どもたちを守る会」という集会に参加しました。

そこで、チェルノブイリ事故の際にとられた住民保護の政策を知りました。年間五ミリシーベルトを超える地域に住んでいる住民は移住すべきである。年間一～五ミリシーベルトの地域は、避難の権利があるということ。そして、日本の原発労働者が五ミリシーベルトの被ばくでがんになり労災認定されたということも知りました。この事実を知ったとき、愕然としました。もう、三ミリシーベルトを超えるくらい被ばくしているし、このままだと、年間五ミリシーベルトどころじゃない。どうすればいいのだろう？　そして国は、子どもたちに年間二〇ミリシーベルトまで被ばくさせてもよいと言っていることにまたもや愕然とし、怒りと絶望、不安でいっぱいになりながら帰路につきました。

その四日後の四月二九日、元内閣官房参与の小佐古敏荘教授が、校庭の利用基準年二〇ミリシーベルトは認められないと涙ながらに訴えた辞任会見を見て、怒りと、絶望と悔しさがますます募り、何とかしなければと思いはじめました。

その後、いろいろな学者、専門家の講演会にも行きました。被ばく低減のための施策をして下さいと、市役所、県庁にもお願いに行きました。

娘に初期被ばくをさせてしまった私は、これ以上、娘を被ばくさせられない、避難したい、避難しなければという思いが大きくなっていきました。夫も、避難したほうがいいと言ってくれましたが、避難区域外の福島市からの避難者を受け入れてくれる所を探すのは、大変でした。京都府が自主避難者を受け入れてくださるということを知り、ダメ元で京都府の災害対策本部に電話をしたところ、とても親切に私たちを受け入れてくださいました。

こうして二〇一一年八月、私と娘は、京都市に母子避難することになりました。

京都に避難をしたものの、夫は福島に住んでいるという二重生活です。経済的にはとても苦しい状況です。福島では専業主婦だった私ですが、二〇一二年の二月から、働きに出るようになりました。娘が生まれてから約一〇年間以上家にいた私が、いきなり、パートタイムではありますがほぼフルタイムで働きに出たせいでしょうか、二〇一二年五月に急性腎盂炎にかかり、八月には帯状疱疹にかかってしまいました。今もそうですが、日々生きるのに精一杯の状況です。

そんな中、なぜいま裁判の原告団に加わったのか？

今年（二〇一五年）に入り、国、東電、福島県は、私たち避難者の切り捨て政策を加速させています。自主避難者への住宅支援の打ち切り、放射線量が年間二〇ミリシーベルト以上、五〇ミリシーベルト以上ある避難区域の解除など、命と健康、人権が軽んじられている政策を強行しています。本当に、憤りでいっぱいの日々です。

「原発事故を起こした加害者が全く責任を取らない不条理に対して、今、声を上げないと一生後悔する」と思ったのが一番の理由です。

去年（二〇一四年）の一〇月、福島の自宅の除染が終わりましたが、原発事故前の放射線量に戻ったわけではありません。汚染土の仮置き場が決まらないため、汚染土は、庭に埋めてあります。私の実家、ご近所の家は、裏庭に汚染土の入ったフレコンバックが積んであります。フレコンバックは、劣化します。大雨や台風が来たら、流されてしまうかもしれません。実際、今月（二〇一五年九月）に起きた大雨の被害で、飯舘村の汚染土は、流されてしまいました。

ホットスポットもたくさんあります。風が吹けば埃が舞います。放射性物質も舞います。

事故前とは、何もかも違うのです。私たちは、無用な被ばくをしなければいけないのでしょうか？　被ばくを避けることは、許されないのでしょうか？　被ばくを避ける選択をすれば、家族、お金、今まで築きあげたものを失ったまま我慢しなければならないのでしょうか？

人権が蹂躙されても、我慢しなければならないのでしょうか？

原発事故を起こした加害者が決めたことに被害者が従うのが司法なのですか？

そんなことが認められたら、この国は、法治国家と言えるのでしょうか？

この国の司法が正しく機能していることを示してください。お願いします。

たくさんの人々の生活を一変させた原発事故

齋藤　夕香
（福島市から京都市）

私には四人の子どもがいます。

私は、福島市飯野町から、三人の子どもを連れて京都に避難しました。二〇一一年三月一一日の震災により起きた福島第一原発事故がなかったら、家族がバラバラになることはありませんでした。自宅は福島原発から五〇キロ圏内にあり、原発のことなど意識して生活したことはありませんでした。しかし、三月一一日の東日本大震災の津波で原発事故が起き、それまで何も知らされなかった事実を知り、避難など微塵も考えたこともなかったのに、やっとの思いで二〇一一年一二月、避難を決めるまでに至りました。

私たちが住む場所は放射性物質が撒き散らされ、放射線量の測定をしなくてはならない環境となりました。「放射性同位元素等による放射線障害の防止に関する法律」によると、外部放射線量が三ヶ月で一・三ミリシーベルトになる危険性がある場合は放射線管理区域とみなされ、労働安全衛生法ではその区域で仕事をすることを禁止しています。そもそも被ばくでの人体への影響というのを知っているからこそ、この法律があると受け止めています。

私が住んでいた場所の空間線量は、震災前は一時間当たり〇・〇五マイクロシーベルトでしたが、二〇一一年五月当時、一時間あたり二・二マイクロシーベルト、つまり三ヶ月で四・七ミリシーベルトと発表されていました。許容されうる放射線量の三倍を超えていることに驚き、三月の時点ではもっと線量が高かったのではないかと恐ろしくなりました。それなのにこの国は、年間の被ばく許容量を年間二〇ミリシーベルトに引き上げました。

二〇一一年五月二三日、文部科学省に対し二〇ミリシーベルト撤回交渉をするため、福島から東京に行きました。その日は文科省前に大勢人が集まり、海外からの報道陣も集まりました。その日から私の生活は一変しました。

これをきっかけに、放射線被ばくの影響について情報を集め、また、近隣の放射線量を測定して、福島にいながら、放射線から子どもたちを防護しつつ生活する方法を探ろうとしました。当時、農家の人たちが本当に苦しんでいたのを覚えています。知り合いの桃農家は、「毎年桃を買っているが今年は本当に大丈夫なのか」と問い合わせが殺到していたそうです。桃の木の皮を剝いでもなお、不安が取り除かれることはなく、今までの収入が激減しました。「原発さえなければ」と命を絶った方の話も聞いています。

放射線の危険性について周囲の人に伝える活動も始めましたが、そんなことをずっと続けているうちに、会社や友だちなどとの温度差にも気づき、私や子どもたちにも目に見えない放射線に対する「慣れ」が生じてきているのが分かりました。保養活動を通して、福島から離れて避難することの重要性を認識した私は、京都に避難することを決意しました。そのため、定年まで続けるつもりだった仕事も辞めました。最終的には同居している親も、中国に赴任中の主人も避難することを理解してくれましたが、長女は同居する祖父母を置いていきたくないと、福島に残りました。なぜ家族がバラバラにならなくてはならないのか非常に悔やみ、自分を責めました。長女とは避難してから半年、

北海道の芝生は気持ちいい

気持ちが離れ、喋ることもできませんでした。

福島に住む人だけでなく、茨城や宮城、関東圏にも危険を感じて避難した人がたくさんいるのに、「自主避難」と、いかにも自分勝手な都合で避難したように言われたことがあります。なにより、避難したくてもできない人々が大勢います。自害した人もいます。こんなにも大勢の人々の生活を一変させておきながら、命を奪っておきながら、まだ原子力を使おうとしているこの国や東電の認識は本当に信じられません。六年たった今も全国各地に避難している人たちが大勢いて、各地で集団訴訟が行われています。私は避難先の京都で行われている原発賠償京都訴訟の原告となり、他の原告の避難経緯も聞き、悔しい思いをしている人たちがこんなにもいることをあらためて知りました。人権など無視されているような気持ちです。

大事な部分を国民に知らせず推し進める、この国と東電の体質には怒りしかありません。本当はシンプルな話のはずです。命を守る、それに尽きます。

なにより、これから日本を担う生命をもっと重要視してほしいと強く願います。

原発事故からのおくりもの

島村さなえ
（栃木県大田原市から京都市）

平成二三年三月一〇日六時三〇分。目覚めた瞬間に「大きな地震が来る」と直感した私は、出張中の娘に電話を入れた。日頃から思いエネルギーの強い私は、収まらない激しい揺れの原因がまるで自分にあるかのように感じ、地球に本気で謝った。もし目覚めた時のその直感を公にしていたら、助かった命があったかもしれないと悔やみながら、同時にこの震災に何か特別な使命があるように感じたのも濃い記憶。

原発事故が発生してから避難生活をする私の元に届いた「お（汚）く（苦）り（離）もの」について、一旦感情を封じ事実を中心にここに記し、今後に思いを馳せてみたいと思う。

＊お＊（汚染というおくりもの）

平成二三年三月一五日、大量の放射性物質が福島第一原発から放たれた。風向きで飯舘ルートと宇都宮サブルートの二手に分かれたが、我が家はその両ルートの重なるエリアに位置する。事故直後、知人の動画には、三月の空間線量は毎時五〇マイクロシーベルト以上、五月には毎時六マイクロシーベルト強と映っていた。平成二六年晩夏、行政から借りた測定器で自宅付近を測ってみたところ、毎時〇・六マイクロシーベルト以上を感知。この数値はチェルノブイリ法でいうと移住義務地域に相当する。しかし、行政から公表されている数値はこれらより大幅に低く、ほとんどの産物が出荷停止になる中で、土壌汚染データは現在に至っても一切公表されていない。また、栃木県の定時降下物（ヨウ素）の一日における最高値が一平方キロメートルあたり二万五〇〇〇メガベクレルという、文部科学省のデータもある。知られざるホットスポットだ。だが、福島県外の高濃度汚染地域に対する賠償はまったくないのが現状である。

＊く＊（苦難三昧というおくりもの）

◇体調変化の苦

もとより化学物質過敏症（シックハウス症候群・ＣＳ）、電磁波過敏症（ＥＳ）であった私は、それらの先進国であるアメリカで生活をしていた。平成二二年の帰国後は自宅と営業所をシックハウス対応建築に大規模リフォームを施し快適に過ごせていた。しかし、原発事故後の一時帰宅ではＥＳの症状がこれまで以上に出てしまい、関西の避難所に戻ると、娘は原因不明の発熱を繰り返した。私自身も不正出血と貧血、体の硬直があらわれたので、大学病院で様々な精密検査を受けたが「異常なし」。この診断で放射能被曝を思うようになった。最初の一時避難先である東京に放射線が流れてきた時刻に、野外で盲導犬の歩行訓練をしていた私が感じた「喉がペタペタくっつく異常感」が放射能だった事が証明されたようだった。その後、甲状腺にはいくつもの嚢胞が、耳下腺には悪性化する可能性のある腫瘍ができ、手術もできず不安な日々を過ごしている。

ＥＳの主治医からは以前からＸ線ＣＴ等の被曝制限を受けており慎重になっていたし、電磁波の弱い所に行けば症状が軽減されていたが、原発事故後は、これまでの自然療法や温泉排毒治療も効かなくなり、しんどい状態が通常で、日々の気力低下が尋常ではない。

◇歯科治療の苦

ＥＳ治療のために口腔内の金属除去が必要となり、抜歯した直後の原発事故だった。「治療に用いる薬剤の過敏症に対応できない」という理由で、ほとんどの歯医者から治療を断られた。日々のストレスから強い歯の食いしばりがあり、健康な歯を二本失った。また、歯肉の奥に針が残され炎症を起こしていたが、避難生活中に三〇箇所以上歯医者にかかりどの医師のミスか不明である。専門治療に一年以上通ったが結果失敗に終わりそれが原因で顎関節症にもなってしまった。只今はあの頃と一変した経済状況である為、ＥＳに安全な歯の治療を行うことができず、一〇本もの歯がもう何年も仮歯状態のままだ。その事により噛み合わせが悪くなっただけでなく、食事もままならず、全身に亘っての不調症状に見舞われている。

◇避難所難民の苦

シックハウス症候群の私にとって、住空間を探すことは非常に難題である。原発事故後、三三回引っ越しをし、部屋探しの為の移動回数は優に二〇〇回を超える。被災者住宅は新築同様、やっと当選した公営住宅もフルリフォームされて住むことができなかった。ベランダや車内で仮眠しながら国内外、眠れる場所を求め彷徨った。「物件」の文字を見ただけで吐き気を感じるレベルにまで達したのは体質以外にも家探しの苦労があった。犬の同伴拒否、不衛生な環境での感染入院、湿度九二パーセントのカビハウス、交通事故での入院、報道や救援行為による二次的被害、ストーカー、詐欺被害や医療過誤など、一難去らずしてまた一難で心休まる時空間がなかった。今も退去期日の迫る生活ストレス満載な部屋で家を探している避難所難民である。

＊り＊（離別というおくりもの）

◇お金との離

私が開発に一〇年強を費やした商品が皇室関連からの授賞を受け、株式会社を設立し、震災の年の夏に大きく市場展開することが決まっていた。しかし、放射能の影響を重く見た中国の製造工場から取引保留とされ、資金だけでなく大きなビジネスチャンスを逃した。

親分肌だった父は私たちと移動三昧の避難生活をしてくれた。その心労から寿命を縮め震災から一年後の九月九日、壮絶な死を遂げた。生前、父は多くの人たちに多額のお金を貸していたが、父の死を境に返済が途絶え、家族の生活費は激減した。

◇ファミリーとの離

原発事故直後、空き巣の被害にあった。盗まれた貴金属よりも、窓を壊され、放射性物質が家族との思い出たちを汚染した事がショックだった。

米国人の旦那は、三ヶ月後から日本で生活する準備をしていた。それも原発事故により来日の予定は白紙へ、事実上離縁状態だ。

園芸家の母が大事にしていた花壇や野菜畑は汚染ガーデンになり、一番の形見を失った。

娘もまた、放射能汚染が原因の刑事事件に巻き込まれ精神をひどく崩し、家事育児等日常生活ができる状態ではなくなった。現在、娘夫婦と遠く離れた場所で、里親認定を受け幼い孫を私が独りで育てている。この子の傷の治りにくさや体の弱い部分が放射能からのおくりものだとしたら、これだけは絶対におくり返したい！

「汚苦離もの」は宝もの

このノンフィクションと思ってもらえないような汚苦離物語にもがく中、「あなたの使命を判らせるための贈りものだよ」と天の御久利者から言われている気がしてきた。この時代にここで生きることを選んできた自分の魂を信じよう、欲しくなかった汚苦離を宝に変える魔法がそろそろ使えそうな予感……感謝。

大切なもの

鈴木美佳子
（福島市から長野県松本市）

私の二ヶ所目の避難先である自宅からは、北アルプスの山々が見えます。それは見事な景色です。本当に素晴らしい景色だと思います。でも、私が一番好きな、一番美しいと思う景色ではありません。私が毎日何気なく見ていた故郷の山々は、ここからは見ることができません。

自分の故郷が放射能で汚染されることを想像してほしいのです。なかなか簡単には想像できないと思います。また、自分の住んでいる街には原子力発電所がないから大丈夫と考えることをやめてしまうと思います。あの原発事故前の私も、まさにその無関心そのものだったと思います。

放射能は、あっという間に私の大切なものを汚染してしまいました。山も川も田畑も、家も庭も子どもたちまで。もちろん放射能は目に見えませんし、においもしません。本当に分からないのです。だから恐いのだと思います。大丈夫と思う日もあれば、やっぱり危険だと思う日もあり……。あの日からずっと、ずっと迷い続けているような気がします。「放射能さえなければ……」と思わない日はありません。

この裁判を通して私が感じたことは本当にたくさんありますが、一番は加害者である国と東京電力の命や人権を軽視する態度です。自分たちの利益や正当性のためならば、被害者である私たちの命や人権などはじめから考えてもいない態度に憤りを感じるどころか目を背けたくなります。こんな人たちとはたたかいたくもない！と思ってしまいます。でも、やはり逃げるわけにはいかないのです。原発事故は現実に起こり、放射能がいろいろなものを汚染し、たくさんの人たちの人生が狂わされたのです。

絶対に安全だと言われてきた原発が爆発し放射能汚染が広がり、でもだれも責任をとらない。これでは、もし日本で次に原発事故が起こったときに、また私たちと同じように苦しむ人がでてきてしまいます。この裁判を、自分とは全く関係ないと思ってほしくありません。私も自分が原発事故の被害者になるなど想像していなかったのです。でも、実際に被害者になってしまいました。

自分の故郷が汚染されてしまうこと、子どもに健康被害があるかもしれないと思い続けながら生きることは、本当に辛く苦しいです。大切なものを失わないために、この裁判を通して想像してほしいと思います。事故が起こってからでは、すべてが遅いのです。

三・一一を経て

鈴木
（福島市から滋賀県大津市）

二〇一一年三月一一日の東日本大震災、福島第一原発の原発事故、私たち夫婦は事故から約一週間後に自主避難という選択をしました。あの日の決断は私の人生で最も難しく、心が引き裂かれるものでした。

私も夫も福島市に生まれ育ち、両家の実家の家族や親戚は今も福島に住んでいます。私は一度も福島から出たことがなく、何もなければずっと福島に住んでいたと思います。

娘を授かった時、夫と「両家の実家の近くで、この子はおじいちゃんおばあちゃんにたくさん可愛がってもらい育てよう」と話したことを覚えています。自然豊かな所で家族や友人たちに囲まれて子育てをする、ささやかですが私たちにとっては何よりも贅沢で何にもかえがたい幸せでした。

妊娠がわかって一ヶ月後、原発事故がおこりました。白煙の上がる原発の映像を見ながら絶望で涙が止まりませんでした。三月一六日には最大毎時八〇マイクロシーベルトという恐ろしい線量を計測したと、ガイガーカウンターを持っていたいとこから連絡を受けました。事故前の福島市の線量は毎時〇・〇一から〇・〇五マイクロシーベルトでしたから、単純計算しても約一六〇〇倍から八〇〇〇倍の線量です。

大人、子ども、妊婦、誰もがそこにいたというだけで被ばくを強いられました。お腹の子に何かあるのではないかと不安で気が狂いそうでしたが、避難しないという家族を置いて自分たちだけ逃げる勇気はありませんでした。たくさんの友人たちが胎児被ばくを心配して避難を促してくれました。「あなたの子は私の子でもある。今すぐ逃げて」と避難先を確保してくれた友人もいました。泣きながら福島を出たあの日の光景と、見送ってくれた両親の笑顔を私は死ぬまで忘れないでしょう。

福島に残る人々、避難した人々、一度避難して戻った人々、選択の数だけ思いの数だけ生じる軋轢に、今も人々は苦しめられています。放射能はＤＮＡだけでなく、人の心も絆も家族という形さえ容赦なく切断します。爆発直後から続く被ばくに苦しめられるだけでなく、心の苦しみさえ背負わなくてはいけない理不尽さに強い憤りを感じます。

避難後、数え切れないほど福島の夢を見ました。目が覚めて、原発事故が夢だったらどんなにいいかと何度も何度も思いました。原発により一部の人たちが得る利益のために、私たちはお金では買えない幸せを奪われました。故郷を愛し、家族を愛し、大切な子どもたちを健やかに育てたい、そんな想いも叶えられない国は人権を守っていると言えるのでしょうか。

子どもたちはかけがえのない存在、自分の命より大切な存在とよくいわれますが、母になりその言葉の意味を身をもって理解しました。原発事故以来、その尊い命がどれほど脅かされ奪われてきたでしょうか。その命を守る家族の心はどれほど苦しめられているでしょうか。

子どもたちや福島に住む大切な人たちの健康被害を心配すると、気が遠くなるほど不安になります。あの日の被ばくや、日々避けきれない内部被ばくからどうやって子どもたちを守れるか。孫や曾孫は無事に生まれてくるだろうか。子どもたちが結婚するときの障害になるのではないか。心配や不安が心の大きな部分を占め、あの日以来心にささって抜けない刺のようなものがずっと取り除けません。

原発をつくる人も収束させることはできません。一度汚染された大地や海は何十年、いえ何万年も元には戻りません。ですが、この地震大国で原発は再稼働されています。他国が脱原発に向かう中、当の日本はまた同じリスクを抱えます。この悲劇がまた繰り返されることは決して許されません。

人の命が一番に尊重される世の中でありますように。

子どもたちの未来が明るいものでありますように。心から願います。

大切なものたちを守る闘い

園田美都子
（奥会津から京都府）

私は、自然豊かな福島県山間部に家族三人で暮らしていました。春になると言葉にならないほど美しい新緑、待ちに待った山菜採り。夏には子どもたちと湖水浴に山登り。秋には圧倒される紅葉、子どもたちが拾ってくる栗で栗ご飯を炊きます。冬は町営スキー場で白銀の世界を満喫していました。人口の少ない町なので、地域社会のつながりが強く、町全体で子どもたちを見守り育てていました。子どもたちはノビノビと育ち、隣人たちと助け合いながら暮らしていました。

突然、悪夢が起こりました。福島原発事故です。幸運にも停電せずテレビを見ることができました。平成二三年三月一二日、一号機爆発を生放送で見たときは凍りつきました。英国人である夫と海外からの情報入手に必死になりました。テレビでは「直ちに健康への影響はない」との繰り返しばかりで実際何が起こっているのかわからず、これでは子どもを守れないと思ったからです。大きな余震が続く中、一睡もせずインターネットでフクイチカメラを確認していました。原発から煙がもくもくと上がり、時々何かが光っていました。映像を見ながら、緊張と恐怖感でいっぱいでした。三月一四日、ＭＯＸ燃料の三号機が爆発したのを見て、一刻も早く西に逃げなくては子どもを守れないと避難を決断。しかし、離れたくない気持ちとの間で心が引き裂かれそうでした。主要道路が閉鎖されていたため空路で西日本へ避難しました。その時、避難生活が現在まで続くとは夢にも思いませんでした。

私は、町長さん、教育長、学校側にスクールバスで町の子どもたちを西日本に避難させるようお願いしました。町長さんも承諾し希望者を募ろうとした時、福島県から止めるよう教育長に連絡が入りました。彼らはそこで諦めてしまいました。心底、悔しかったです。

私たち家族が新潟空港までなんとか辿り着いた時、空港は子ども連れの人たちでごった返していました。みなさん持つものも持たずにやっと空港に辿り着き、西日本へ逃げようとキャンセル待ちをされていました。機内で隣になった男性は、柏崎原発勤務の東電社員でした。そして「四日後、福島原発に入るので、その前に高知県の親に会って来いと上司に言われました」とおっしゃいました。これは戦争なの?と私の中に衝撃が走りました。

その頃、成田空港、羽田空港には日本を脱出しようと外国人が詰めかけていました。三月一六日英国チャンネル4ニュースでは、「枝野幸男氏は、福島原発から三〇キロ圏外の住民に対して『直ちに影響のある危険な放射能レベルでないことをご理解いただきたい』と呼びかけていたが、米国が八〇キロ圏外への避難勧告を出したため、外国人には通用しなかった。英国外務

会津の冬

省は、英国人に向けて東京以北から離れるよう指示を出した。東京の放射能レベルは一〇倍に上がっていた」と報道しました。翌日には、「世界各国で日本脱出チャーター便を出すと発表。米国は約六〇〇名の外交官家族の国外退避を正式決定。米国原子力規制機関は、日本の安全対策に納得せず、米国民、大使館職員などにチャーター便を出した。木曜日には、ペンタゴンが二万人の在日米軍人に対して自主避難の資格を与えた。米軍機の出動も考慮されている。中国は、東京への移動を指示した。フランス、オーストラリアは早い時期から避難を開始していた。ロシアは、金曜日には外交官家族を避難させると発表。韓国の仁川（インチョン）と金浦（キンポ）の国際空港には、日本からの直行便のために放射能残留検査ゲートを設置した」と報道。ガーディアン紙は、東京の英国大使館で在日英国人にヨウ素剤が配布されたこと、日本発の便の搭乗客に放射能汚染スクリーニング検査が実施されていることが掲載されました。日本国内で繰り返し三〇キロ圏外に避難の必要がないと報道していた時に、海外ではこのような緊張状態にあったのです。しかし、福島県、国、東電は本当に必要だった情報を国民に知らせることなく現在に至っています。

一時避難から一度町に戻ったら、放射能安全キャンペーンが展開されていました。しかし、クラスの半分の児童が鼻血を出し、私も我が子も体調不良に苦しみました。実際、土壌汚染は平米あたり二七万ベクレルの場所が存在し、行動範囲内の小学校の土がキロあたり一万九六〇〇ベクレルあったことが情報公開で明らかになりました。チェルノブイリでは移住の権利が認められる区域に相当します。東日本全体にホットスポットは存在します。安全神話を作り上げることは、被ばくを強いることと同じです。

その頃、イギリス、スイス、ノルウェー、ドイツ政府が日本滞在者に向けて、福島原発から放出される放射能拡散予報を毎日発表していました。私はその予報を見て学校に連絡し、窓を閉め子どもたちの校庭での活動を控えるなど、校長先生と連携をとりました。なぜ、気象庁はそれさえもできなかったのでしょう。食品についても、日本では安全だと流通しているものが、多くの国々で輸入を規制していました。他国では危ないという放射能汚染食品を日本人は食べても平気ということに納得ができませんでした。特に子どもたちが汚染食品を口にするかと思うとつらいです。

今まで、国、東電は誠意を持って国民の被ばくに対して向き合うことをしていません。震災前は一一位だった報道の自由世界ランキングが、今年二年連続七二位という事実が証明しています。日本の報道をどう信用しろというのでしょう。情報格差によって被災者も分断されました。

今後大地震が日本列島を襲わないとは誰も言えません。それでも原発再稼働を推進する日本政府に不信感でいっぱいです。人的ミスが起こらないとも言えません。福島原発事故の責任も取らず原発を推進し続けることは、再生可能エネルギーに移行しているヨーロッパ諸国からも疑問の声が上がっています。現在も毎日、放射能が放出され収束など全く見えません。

私にとって、子どもを守ること以上に大切なことはありません。だから避難生活を続けています。山の除染は不可能です。人、動物、自然を放射能に曝した責任は重いです。原発事故前の汚染のない状態に戻るのであれば、心から福島県に戻りたいです。原発事故の責任をきっちり取っていただきたいです。

命を産んだ母として……

高木久美子
（いわき市から京都市）

昨日と今日の暮らしが一変した三・一一東日本大震災。たくさんの人々が津波により命を落としました。悲しみも癒えぬまま、福島第一原発事故による放射能汚染という最悪な事態をむかえ、私たち家族のその後の運命を大きく変えることになりました。

健康被害への不安から避難したいという思いがあり、私の母にお願いし、子どもたちと一緒に一時的に秋田へ避難してもらいました。しかし、心身ともに疲労困憊し、私は限界を超えた精神状態の中で、いわき市での暮らしを余儀なくされていました。

震災から翌年の二〇一二年二月、いわき市の汚染状況もまったくわからない中、ネットで避難や移住について発信していた早尾貴紀さん（311受入全国協議会共同代表）に「いわき市は、空間線量は下がってきているが土壌汚染は免れない」と教えていただき、周囲の反対を押し切り京都へ避難する決断をしました。とにかく子どもたちを放射能汚染から遠ざけ、これまで通りの普通の暮らしをさせたい。将来の健康被害を考えると五年後、一〇年後、親として後悔しない選択をしたいという思いが強く、差し迫る思いで子ども二人を連れてやっとの思いで京都に避難を完了したことは、つい昨日のように思い出されます。食べ物の心配もなく、マスクをはずして暮らせること、洗濯物を外へ干せる喜び。当り前だった日常を取り戻すように重かった心が元気になっていきました。

しかし、原発事故は風化の一途をたどり、被災者の命や健康より経済優先。この国を誰に言ったら変えてもらえるんだろうと、普通の親の自分が途方に暮れる日々でもありました。友人の一人が世論を変えていかなくてはならないと教えてくれました。しかし福島に住んでいる人たちは日々刻々と放射能にさらされているので、ゆっくりしている場合ではないと思う日々。

子どもたちの成長を願い、慎ましく暮らしていた私たち家族は、司法の場で国と東電を訴える集団訴訟に加わりました。一番の理由は、自分たちさえ避難すればそれでよいとは思えず、「福島に残っている大切な人たちのためにも立ち上がる！」「普通の親が立ち上がらなくては子どもたちは守れない」そんな思いからです。平成二九年五月二六日(金)第二八回期日、証人尋問を迎えました。主尋問五分の中でこの苦しみ、訴えを伝えることは大変なことでした。弁護士との当日のやり取りを残します。

尋問事項

1　避難の動機

・平成二三年三月当時のあなたの世帯の生活について簡単に教えてください。

夫が正社員。私はスーパーにてパート勤務。母は、自宅で家事全般を担当し、子どもたちの面倒もよくみてくれました。

事故当時長女は小学五年生、二女は小学四年生でした。

・あなたの妹さんの世帯はどうですか？

妹と八歳の姪は、近所に住んでいました。

・あなたは、放射線被ばくの危険性をどういう情報によって判断しましたか？

最初はテレビ報道ですが、平成二三年六月には友人から借りたガイガーカウンターにて測定しました。自宅の庭で毎時〇・三五マイクロシーベルト、家の玄関で毎時〇・二三マイクロシーベルトでした。

・事故後はどのような精神状態でしたか？

見えない放射能汚染に対する恐怖で精神的に苦しかったです。避難するべきどうかずっと悩んでいました。

・平成二四年三月に京都への母子避難をした理由はなんですか？

空間線量が下がってきているが、土壌汚染は免れないと聞き、やはり被ばくへの不安が強まり、周囲の反対を押し切り母子避難を選択しました。

・あなたの夫は反対しませんでしたか？

夫は、「四〇歳過ぎの男に仕事はない。汚染は大丈夫だ」と言って避難には反対しました。

・あなたの義理の母は反対しませんでしたか？

義母は、「息子を置いていくのか？　福島で残って子どもを立派に育てようと思っている母親も多くいるのにあなたはなぜそれができないの！」といって避難に反対しました。また、夫の実家の敷居をまたぐことは許さないとも言われました。

・平成二五年八月に離婚されていますが、この原因はなんですか？

避難に関する意見の相違や、長期にわたる別居生活（母子避難）です。

2　健康被害

・ご家族の健康はどうですか？

長女の右脇の下にリンパの腫れが見つかりました。また、甲状腺エコー検査の結果、長女には囊胞が多数見つかりました、二女には六つの囊胞が見つかりました。経過観察が必要とされておりとても不安です。

・避難により、その他の影響があるご家族はいませんか？

二女は最近「いわきに帰りたい」「パパに会いたい」などと述べ感情を爆発させることがあり、その後、体調を崩し不登校になりました。長期にわたる避難生活のストレスが溜まり精神的にも不安定です。私も、事故後に帯状疱疹などが発症しています。

3　帰還について

・いま、福島県に帰還できる状況にあると思いますか？

いいえ。

・それはなぜですか？

平成二七年七月に自宅庭の土壌を採取し、測定を行ったところ放射線管理区域に当たる

花を育てる心がうれしい

数値がでました。このような場所には住めません。

・今回京都の家の掃除機のゴミパックの放射線量を測定した結果を証拠として提出されていますが、どういう理由ですか？

今年、いわき市の家庭用の掃除機のごみパックから一キロあたり五〇〇〇ベクレル以上のセシウムが測定されているという情報を知りました。いわきと京都の違いを明らかにしたかったのです。

・最後に言いたいことはありますか？

私は、子どもたちの命と健康を守りたくて京都に避難しました。避難するにあたり、夫と離婚するという最悪な結末を迎え、子どもたちにはかわいそうな思いをさせてしまいました。もう二度と家族で一緒に暮らすこともできなくなりました。また母や近所に住む妹たちとも、すぐに会うことはできなくなりました。原発事故というものは、ひとつのかけがえのない家族をも壊します。私たち家族の苦しみを、この司法の場で知っていただきたいです。また、これまでの原告の苦しみの声を聞いていただけたと思います。私たち原告に希望ある判決をのぞみます。

可愛い子どもたち、まだ見ぬ孫たちが幸せでありますように。

福島で生きるということ

高橋　千春
（福島市在住）

裁判での本人尋問が終わり、ホッとしているところです。まさか自分があのような場に立つ日がくるなどと思いもしなかったし、とても非日常的な経験でした。緊張し過ぎてどうなってしまうのだろうという不安もありましたが、逆に反対尋問では何を聞かれても怖くないという強い気持ちもありました。その根底には、起きたことの重大さと悲しみが大きくあるからです。何を聞かれても、素直に起きたことを伝えよう、そう思うと、胸を張り法廷に立つことができました。それもこれも傍聴にお越しくださった皆さま、全国で支えてくださっている支援者の皆さまの応援があったからです。感謝でいっぱいです。

京都での避難生活から福島に戻り一年過ぎましたが、福島では避難先からは見えなかったことがたくさんあります。決して表には出ないようなデリケートな問題もいろいろと抱えているのです。私は避難し、帰還した立場ですが、避難できなかったお母さんたちの苦悩も知ることとなりました。そして私も今福島に戻り生活しているなかで、その苦悩と近い気持ちになることがあります。

そんななかで私たちにとってせめてもの救いなのは、保養に出るということです。今は夏休みの保養先を皆必死で探しているところです。なるべく長期の休みには子どもたちを放射能から離れさせたいと、今でも多くの保護者が望んでいるのです。福島県内から保養に出かける人数は年間一万人を越すようなのですが、全福島県民のなかではほんの一部にすぎません。まだまだ保養という言葉すら知らない保護者、または仕事や金銭面で連れていけない保護者、さらに家族から保養への理解が得られないお母さんと子ども……。同じ福島の子どもでもこのように差があるのです。どうしたら公平に保養に出してあげられるのかというのが大きな課題でもあります。

保養の受け入れをしている全国にある市民団体は、皆寄付などで受け入れをまかなっています。皆さん仕事の傍らボランティアでなんとか続けて下さっています。本来なら国や県がするべきことであり、助成金を回すべきところだと強く思います。

保養の問題も含め、まだまだたくさんの課題がある福島。そして、避難している人も移住した人も、福島に暮らす人も皆それぞれの苦悩は続いています。どんな選択をも受け入れられ保障される権利が欲しいと、切に思います。

忘れられない日

萩原ゆきみ
(郡山市から京都市)

避難して一年近くは被ばくの心配は全くしていなかった。しかし症状がたくさん出た。大阪の激安スーパーで買った放射能に汚染された関東産を中心にした食べ物を食べたから。状況証拠は数え切れないほどある。例えば京都市で二〇一一年三月二三日に流通していた野菜が測られたのはたった四件。その全てからヨウ素を含む放射性物質が検出され、しかも全てが関東産。一番高い物は一キログラムあたり三九六〇ベクレル（厚労省のホームページ記載）。福島の放射能測定所には「内部被ばくはむしろ西日本から」のフリーペーパーが。

夫は事故直後も二本松市の職場では地元の物でまかなえたので飲食に困らなかった。しかし高濃度に汚染された地で飲食してはならないものだった。通勤で着ていたジャンパーは一キログラムあたり六二九ベクレルもあった。ツルッとした素材なのに。夫はもちろん、被災地の人々は呼吸からも内部被ばくし続けた。

緊急性のある具合の悪さがあるわけではないと思われるし、何かの病名や診断名がつくことで、もうこれ以上、未来を悲観したくない。私たちの心は傷つき過ぎて、色々な意味でいっぱいいっぱい。そればかり考えていたら、何もできなくなる。一見、平静を装いながら日々を過ごさなければ生きていく気力さえ奪われてしまう。病院に行くことの、健康診断に定期的に通うことの、気力も体力も時間もないほど、私たちの追い詰められた事情を分かって頂きたい。

小出助教は「海にはストロンチウムとセシウムがほぼ同量流れ、セシウムはわりと除去できるがストロンチウムは対策がされていないから海の物は気をつけなくてはいけない」とのこと。行政は「セシウムから計算してストロンチウム等の値を出している」としているが、どんな数字を言われても信じることはできない。いろいろなことがデタラメなので。

食品については、私がたまたま知っただけでも基準値を超えた食品が給食に出されたり、販売されたと何回も見聞きしている。それらは氷山の一角に過ぎない。食品の基準値は、食べ物だけで年間一ミリシーベルトを超えないようにするものに過ぎない。地元は食品に加えて空間線量が高いので基準値が守られていても、年間一ミリシーベルトを超える危険性は払拭できない。しかも食品基準値一キログラムあたり一〇〇ベクレルというのは、低レベル放射性廃棄物の範疇に入り、黄色いドラム缶に入れてセシウム一三七でいうと半減期の一〇倍である三〇〇年も保管管理されないといけない。このレベル以上の土壌汚染で生活することを強いられているのが原告らの避難元。

「プルトニウムは人間が遭遇したなかで最も毒性の高い物質。一〇〇万分の一グラムを吸ったらがんで死ぬほど」（小出裕章京大原子炉実験所助教）。

子どもの乳歯を検査することで放射性物質で被ばくしたかどうかがわかる。プルトニウムやストロンチウムが歯や骨に溜まるから。

安倍首相は「福島県は今も未来も健康被害はありません」と断言。本当に健康に影響がないのなら乳歯を測って私たちを安心させて欲しい。ホールボディカウンターよりも五〇倍以上も検出限界が低い尿検査をして欲しかった。電離放射線健康診断をして欲しい（大部分の放射線業務従事者は年間一ミリシーベルト以内で仕事をしているがこれを実施）。ヨウ素被ばく検査をして欲しかった。初期のヨウ素等のデーターを把握して欲しかった（ヨウ素一三一は半減期が八日。国が把握しているデーターでは意味がない）。被告たちがそれらを測らなかった、測ろうとしないのは被ばくを隠すためだとしか思えない。

復興庁の副大臣若松さんが京都の聞法会館で「すべての放射性核種については測りようがない。又すべての放射性核種が人体にどのような影響を与えるのかはわかっていない」とハッキリ答えて下さったことには感謝。

私が少し調べただけで、ヨウ素だけでも何種類かあり放射性核種は数え切れないほどある。そして半減期も核種により二・八時間だったり何万年もあったりするのだから、若松副大臣らが言ったことの意味がよくわかる。

ホールボディカウンターによる検査を平成二五年一二月に受けた。結果は不検出。「検出下限値はボディあたり三〇〇ベクレル」と言われた。しかしICRPのデータによると一度に一〇〇〇ベクレルを摂取しても、その後摂取しなければ体内半減期により二〇〇日と経たない内にホールボディカウンターでは不検出となる。事故後二年九ヶ月も経って不検出になるのは当たり前。

せめて未曾有の大災害で農家も行政も大混乱の初期に測るべき。しかも一年目は食品の暫定基準値が一キログラムあたり五〇〇ベクレルと高かった。おまけに「ホールボディカウンターは尿検査に比べて検出限界が五〇倍以上高い（原爆症認定訴訟で内部被ばくについて証言された矢ヶ崎克馬氏）」。不検出でも、大なり小なり一度でも被ばくしたら子々孫々まで影響が出るかもと心配。

内部被ばくしたかもしれないと相談した際、担当の方に「食品の放射能はすべて調べられているから大丈夫」と言われた。今はすべての食べ物のすべての放射性核種が調べられているのだと思った。しかしモニターを見ると自然放射性各種が書かれていたので「ストロンチウムやプルトニウムも測っていますか？」と聞いてみると「ベータ線しか出さない放射性核種は測ることはできない」。

除染完了のむなしさ（写真提供：飛田晋秀さん）

セシウムのみで、結局すべての放射性核種は測ることができていないことが判明。私は知っていたから確認できたが、知識のない人だとすべての放射性核種が測られていると誤解する。

チェルノブイリでは五年目からの多発だから、県民健康管理調査の結果は放射線の影響とは考えにくいとされた。しかしチェルノブイリで甲状腺がんの外科治療を中心に支援活動をされていた菅谷松本市長が「チェルノブイリでは甲状腺エコー検査（スクリーニング検査）ができるようになったのが、事故後五年目だったから、その時からがんがたくさん見つかるようになった。それまでも触診検査で甲状腺がんをそれなりに発見している」とコメント。

二〇一六年一二月中に親しい避難者たちから「リンパの腫れ・甲状腺がん・甲状腺結節」等の話を聞いた。アレクセイ・V・ヤブロコフ氏らが書いた『調査報告　チェルノブイリの被害の全貌』という本に「甲状腺がんが一人見つかったら一〇〇〇人の甲状腺疾患がある」と書かれていたことを痛感。

福島から持ってきたタンスは、子どもが赤ちゃんの時の歯形がついている思い出深い物。しかしその引き出しの中は部屋の空間線量と比べて何度測っても高い。家財を処分するのも、しないのも気が重い。福島の自宅では家にいるだけで癒されていたが、今は窮屈で居場所があるようなないような状態。健康の面でも経済的、環境的にも家族関係でも莫大な損失。原発事故のせいで特に子どもたちの将来が大きく奪われた。

無知だった私は「帰ってもよい」という安心感を得るために情報を集め続けたが「危険」と判断するしかなかった。先日、私は「悪性新生物の心配あり」と宣告され、非常につらい気持ちでいる。

命と向き合ってください

福島　敦子
（南相馬市から木津川市）

二〇一一年三月一一日、私は、職場の下水処理場で立っていられないほどの大きな地震に遭いました。近くにあった高濃度酸溶液の水槽のふたがずれるほど揺れ、私の足に何度もかかりました。なかなか繋がらない電話で父へ連絡し、小学校まで娘を迎えに行ってもらいました。まだ一時間もたっていない頃、同僚の携帯電話が鳴りました。福島第二原子力発電所で働くご子息からで「早く逃げないと爆発する」と言ったまま、電話は切れたようでした。

津波から間一髪で逃れた作業員の帰りを待ち、炊き出しをし、翌日になった頃、娘たちの待つ実家へ帰りました。防空頭巾をかぶった娘たちが、玄関に立っていました。

早朝、私は職場へ行きました。道路は崩れたブロックが散乱、車でやっと通りました。広島や群馬からの消防車が猛スピードで通り過ぎました。

職場には、知らない人もいました。職員が連れてきた浪江町の住人で、町の避難命令で来た老女でした。同僚も出勤、もう一人のご子息が職場に来て、何度も「おやじ逃げよう」と言いました。そのご子息の青白い顔は今も忘れられません。現場の状況確認や分析室の掃除をし、自宅に戻り、倒れた箪笥や壊れた皿を片づけていた午後三時過ぎ、「窓を閉めろ」という内容の防災無線が聞こえました。私は原発が爆発したのだと確信し、掃除を切り上げ、カップ麺と床に散らばった埃だらけのお菓子を持ち、実家へ向かいました。家々は窓が締め切られ、誰もいない暗い町を、私の車一台だけが通りました。

実家に着くと、前の家で怒号をあげている青年が私を見て言いました。「情報はあんまりないけどやばいらしい。友だちもみんな逃げるというから、ばあちゃんも連れて行こうと来たが逃げないと言うから頭にきた。俺だけでも逃げる。あんたも逃げた方がいい」……今日は、隣の飯舘まで行こうと、漠然と思いました。私の両親も同様に「情報もないのに動きたくない」と言いましたが、「今日だけだから」と諭し、カップ麺二個とお菓子、娘たちの替えの下着だけ持ち、父の車で飯舘村へ向かいました。夜九時過ぎ、道はいつもとは違い、小さな子どもたちを乗せた家族の車で大渋滞でした。

後に全村避難となる飯舘村の人たちは、次々避難してくる人たちの炊き出しに追われていました。私たちは、隣町の川俣警察署の駐車場にたどり着き、ガソリンの少ない車の中で一泊をし、情報を集めることにしました。

一三日朝、婦警さんから「福島市役所なら情報があるようだ」と聞き移動、市役所で何ヶ所か避難所があることを知り、父は飯坂温泉近くの文化会館を選んで登録しました。私たちの思いがけない避難生活の始まりでした。私たち家族は、即断で運よく避難所を選ぶことができましたが、窓を閉めろという防災無線に忠実に従い逃げ遅れた市民は、寒い体育館や、自力では戻れそうもない県外へ、行先も告げられずに避難させられました。

その後も次々に起こった東京電力管内の福島第一原子力発電所の放射性物質の流出事故は、私たち福島県民やその近隣住民、森、田畑や川、海も、動物も、植物も、感じるすべてのもの見るものすべてを、何も感じない、何も見えない放射性物質により、予想をはるかにこえる悪い方向へと導きました。

国と東電は、ＳＰＥＥＤＩを活用せず、得られる情報が乏しく多くの人が不当に被ばくしました。「スクリーニング証」がなければ、次の避難所へも、病院へも行けない現実。爆発が続くたびに動くこともままならず、死を覚悟した現実。

私たち避難者は、子どもの健康を考え避難しました。自分の不安な気持ちを抑えきれず怖さに耐えきれず、避難しました。

町の人が次々にいなくなってしまって、やむなく避難しました。

愛する家族と離れ離れになりますが避難しました。

友だちにさよならも言わずに避難しました。

頑張ってきた仕事をやめて避難しました。

避難したくても、ガソリンが手に入らずに避難できませんでした。

部員で一丸となって目指していた全国大会の夢が絶たれても避難しました。

国や自治体の指示を待ち屋内退避していたら、思っていたよりもとても遠くに避難させられ、病気になりました。

避難中に知り合いのおばあさんが亡くなりました。

避難先でなかなか仕事が見つからず、ふるさとへ戻ることにしました。

子どもが避難先の生活に馴染めず除染の進まないふるさとへ戻ることにしました。

避難先で家賃が支払えずに、身も心もぼろぼろのまま戻ることにしました。

避難することを今でも理解されず、深い溝をお互いの間に残したまま、避難しました。

避難したくても、家族に言えない女学生がいました。

長い年月の流れの中で、国、東京電力は、真摯な謝罪の気持ちも言葉もなく、事故の原因の究明もうやむやにしています。それが、福島や近隣の農家や漁民など生産者の葛藤を生んでいます。汚染水は、いまだに海へと流出し続けています。

夜の森 さくらまつり （2010年４月・富岡町）

補助金のために東北から遠い九州まで放射性物質を含んだ瓦礫を運び焼却させ、福島県では除染が功を奏していません。

避難元では若者の突然死が増え、自治体は火葬場設置に注力しています。

国は、放射性物質による汚染の拡大が未解決なのに、原発の再稼働を強行しました。子どもたちに甲状腺がんやその疑いのある症状を持つ患者が増えていますが、マスクをしていると「マスクするのはおかしい」などと言ったり、言われたりします。

放射性物質から防護する生活を悪とみなすかのような雰囲気が醸し出され、避難できない人の正常な判断を歪ませるとともに、私たち避難者を切り捨てています。

生活再建のために申し立てた東電への直接請求も、国の「原子力損害賠償紛争解決センター」に東電との和解の仲介を申し立てた原発ＡＤＲでも、被災者がお願いしますと何度も何度も頭を下げてやっといただいたお金は、失ったものに比べれば、納得のいく金額とは到底いえず、私たちに残された和解への道はこの惨めな方法しかないのに、この方法すら選ばせてもらえない避難者も多くいます。

裁判官へ。避難した人々が、三月一一日前のあのふるさとへ戻れる日まで、家族とささやかな生活を過ごし、それを守る権利を、認めてください。私たちと一人の人間として向き合ってください。幼い子たちを守るために避難せざるを得なかったことそして、幼い子どもまで、国と東京電力を相手取る訴訟の原告にならなければいけないこの悲しい現実にどうか目を向けてください。私たち原告一人ひとりの命とご自身の命で、向き合ってください。

私が守りたいもの

堀江みゆき
（福島市から京都市）

原発事故当時、私は両親と次女、次男の五人で福島市に暮らしていました。福島第一原子力発電所が爆発したと知り驚くとともに、漠然ととても不安な気持ちになり、大変なことが起きたと思いました。しかし、その時はすぐに避難しようとまでは思わず、考えもしませんでした。一二日の夜に東京にいる長男や別れた夫から、「すぐに逃げろ、できるだけ遠くへ行ったほうがいい」、「ネットやツイッターでは危険だと大変なことになっている」と言われ、私は子ども二人を連れて会津若松市に住んでいた長女のアパートへ一時避難しました。しかし、職場の状況と次男の高校の合格発表が気になり、私たちは一四日に福島市へ戻りました。

事故が起きた時の風向きや雪が降ったことの影響で、福島市には大量の放射性物質が撒き散らされ汚染されてしまったにもかかわらず、テレビでは直ちに人体に影響はない、レントゲン撮影で浴びる放射線量と比べ問題ないと繰り返すばかりでした。一体何が起きていて、私たちの生活にどのように影響するのかなど不安は消えず、納得できる情報はありませんでした。

福島市の空間放射線量は、事故前は毎時〇・〇四マイクロシーベルト程度でしたが、一五日には二四マイクロシーベルト近く高い数値が発表されました。しかし、当時はその数値の意味するところもよくわからず、私たちは放射線量が高かった一六日に次男の高校の合格発表に出かけました。息子は小雨が降るなか傘もささずマスクもしないで出かけましたが、他にも同じような生徒が多くいました。また、私や父は近所へ井戸水をもらいに行ったり、食べ物を買うためスーパーの駐車場に並んだりしていました。このように無防備で外出したことや、屋外で活動したことが私たちの体にどのような影響を及ぼしていたのか、また今後影響がでるのかわかりません。しかし、正確な情報が伝えられていたなら、防ぐことができたのではないかと残念でなりません。

私は平成二三年の八月に、長女と次女、次男の四人で京都市へ自主避難しました。私が避難することを決めたのは、放射能の影響で子どもだけでなく、次の世代以降にも将来的に健康被害があるかもしれないと不安に思ったからです。事故は収束する様子もなく、このまま福島に住み続けることへの不安、汚染された土壌でできた自家栽培の野菜を食べる不安、毎日水や食べ物に気を遣う生活に疲れ、もう耐えられないと思いました。もし将来子どもに何か起きたら、避難せず福島に留まったことを後悔する、また子どもに後悔させたくない、誰もわからないことなら危険を回避することを選ぼうと、私たちは京都へ避難しました。

私は幸い、周りの人から避難することを反対されることはありませんでしたが、当時高校三年生だった娘は大変悩み、勉強も手につかないほどでした。しかし、卒業するまで福島に残りたいと言っていた娘を決心させたのは、娘の友人の「自分だったら避難するよ」という一言でした。京都の高校を卒業した娘ですが、「自分には母校がない」、「福島の友だちと残りの高校生活を過ごし、そして卒業したかった」と今でも話すことがあります。

また、私自身も避難を決断するまで、そして避難することを決めた後も、寝ても覚めても放射能のことで頭がいっぱいで、原発事故さえなければ、夢だったらどんなにいいかと、何度思ったかわかりません。

福島市は避難区域外なので戻ろうと思えば戻れる場所ですが、私は戻る気持ちにはなれません。なぜなら、原発事故が収束していないので地震が起きるたびにとても心配になりますし、今も放射能の汚染が続いていて安心して住める状況ではないと思うからです。平成二九年の一月に母が作った干し柿の放射能測定をしたところ、キロあたり五〇ベクレルほどのセシウムが検出されました。空間線目には見えないけれど空気中に放射性物質があり、今も汚染が続いているのだと思います。

量だけではなく、平成二五年八月には実家近くの川のイワナから二二〇ベクレルという基準値を超える値が検出されました。また、実家の米からも微量ながらセシウムが検出されています。

このイワナが生息している川の水を実家の田んぼにもひいています。私の父は平成二三年の一一月に亡くなりましたが、この川の水のお陰で美味しい米ができるとよく話していました。父や地域の人たちは、この川の清流や自然環境を守り後世に引き継ぎたいと、草刈りや稚魚の放流を行ってきましたが、原発事故によりこれまで長い年月をかけてきた皆の努力が踏みにじられたように思えてなりません。また、この川は父や私の子どもたちも水浴びや釣りをして遊んだとても馴染のある場所でしたので、そんな場所が汚染されてしまい本当に悲しく思います。事故前のきれいな自然には二度と戻らないのです。

私は自ら情報を集め、わからないなりに判断し、自分で決めて行動してきましたが、本来であれば、私たちの健康、何より命を守るのが国の役目ではないのでしょうか。事故当時、原発の極めて酷い状況はひた隠しにされ、真実が伝えられることはありませんでした。それは現在においてもなされていないように思います。そこに住んでいることによって、自分の子どもや孫の健康が損なわれるかもしれないとしたらどうするのでしょうか？　住み続けるで

自宅より望む吾妻山

しょうか？　皆、子どもを守りたいと思うのではないでしょうか。
自然環境を破壊し、ふるさとを奪うような原発事故をひきおこした東京電力はもちろんのこと、その事故の対応や私たちの健康、命を守るような措置がとられなかったことに対して、私は政府や福島県が本当に許せません。避難する時に感じた自分たちだけが逃げる後ろめたさや罪悪感は今も消えず、心が晴れやかになることはありません。言葉では言い表せない喪失感が常にあります。裁判を通し、この事故の真相が明らかになり、責任の追及がなされることを私は望みます。

ただ、安心安全に暮らしたい

水田　爽子
（三春町から京都市）

二〇一一年三月一一日、地震が発生した時、私は郡山市内の勤務先にいました。今まで体験したことがない長く強い揺れが続き、立っていられない状況でした。周囲の物が棚から落ちて、ドアが変形してしまうのではないかとの恐れが頭をよぎった途端、「早く逃げろー」と同僚が大声で叫んだので、走って室外に出ましたが、その時も大きな揺れを感じていました。爆発音が聞こえ、職場の窓ガラスが吹き飛びました。隣の駐車場の車が地震の揺れで前後左右に大きく動き、ぶつかりあっている車もありました。

その後、停電になり、携帯電話も繋がらなくなりました。家族の安否確認を優先するようにとの上司の指示で、みんなそれぞれ帰宅しました。

停電のため交差点の信号機は消えており、道路は大渋滞をおこしていました。私は、なんとか無事に家に帰り着くことができました。

自宅は棚が転倒し、物が散乱していました。壁には何ヶ所も大きなヒビが入っていましたが、幸い義父母は無事でした。当時夫は海外出張中で、八歳の娘が中国の祖父母の家にいっていました。その夜は余震が続き、恐怖と孤独で眠れませんでした。

しかし、一番怖かったのは地震ではありませんでした。三月一二日午後に、テレビで第一原発が水素爆発を起こした報道をみて愕然としました。日本にやってきて一三年間、一度も福島に原発があるということを意識していませんでした。

その後、枝野官房長官が緊急会見で「直ちに健康に影響はない」という話を聞いているうちに、長くいたらまずいのではないかと思い始めました。夜、実家の母から連絡がきて、中国でも大きなニュースとして報道され、放射能漏れの恐れがあるので、日本にいると危険だと言われました。

三月一三日、郡山市に住んでいた友人家族が、断水のため私が住む三春の自宅に洗濯しに来ました。その友人の親戚である自衛隊員が、「福島にいると危ない。早く避難した方がいい」と言っていたと聞きました。友人は、私に避難しようと誘いました。私は、「避難するなら義父母も一緒に連れて行きたい」と無理にお願いしました。友人はすぐに京都の実家に連絡を取り、「緊急事態なので大したことはできないが、避難するなら来てください」と返事をいただきました。

三月一四日朝、会社から連絡があり、片づけのために出勤しました。一一時頃、上司から「田村郡は原発に近いから避難した方がいいのではないか」と言われたので早めに帰宅し、家族と避難するかどうか再度相談しました。

相談した結果は、半身不自由の義父を連れて長距離移動するのがとても困難なので、義父母の避難を断念するというものでした。義母に「若いあなたが避難しなさい」と言われ、その日の夕方に私は、涙を流しながら友人家族と一緒に京都へ一時避難することになりました。

三月一五日、中国大使館および新潟領事館が用意したチャーター便バスで福島、宮城、茨城、岩手の四県の指定場所で帰国希望者を乗せ、空港まで運んでくれるという情報を知りました。また、アメリカの大使館が福島原発から半径八〇キロメートルに住む在日米国人に避難勧告を出したことを友人からのメールで知りました。夜に、義母から三春では町独自の判断で安定ヨウ素剤が配布されたということを聞きました。そこでやっと、事態の深刻さを実感し避難したことは正解だったと確信しました。

三月二〇日、会社から仕事を再開するという連絡があり、京都から福島に戻り、二一日から出勤しましたが、三一日には会社を退職しました。

本来なら四月の新学期に合わせて帰国する予定だった娘は、親を安心させるためにやむを得ず中国滞在期間を延長することとし、四月四日に私は中国へ避難しました。

その時、中国の新聞、テレビの報道を見ると、震災に関する報道は毎日頻繁に行われていました。

特に、原発の放射能漏れ事故とそれによって引き起こされた災害は、依然として高い関心を集めていました。「もはや原子炉制御は不能」などといった深刻な表現も見られました。また中国政府は、日本への渡航を自粛・制限の対象としました。海外から見た日本の状況と日本の政府の報道があまりにも違い過ぎると感じました。

実家がある中国にいる間は安心でしたが、やはり日本で生まれ育った娘を連れて福島に帰りたいと思うようになりました。一二年一月に家族と会いたい、また、三春の現状を知りたいと思い、一時帰国しました。当時、町広報誌でみた自宅付近の集会所の放射線量は一時間当たり〇・七マイクロシーベルトでした。自分で買った測定器で測った自宅寝室の放射線量も、同様の数値を示していました。事故からほぼ一年を経ても、線量が高く、第一原発から遠く離れた安心安全な地域に避難するしかないと思いました。

その後、京都での避難者の受け入れ情報を知り、一二年五月、京都に避難することにしました。夫と今後のことについて何度も話しあいましたが、避難についての意見をすり合わせることがどうしてもできませんでした。結局二人とも、混乱の中で疲弊し、追い詰められ、精神的に余裕がない中で離婚することになりました。その後私と娘は、京都で避難生活

三春町の滝桜

を続けています。

今回の事故で、不安の中で避難のためにあちこちを移動しなければなりませんでした。また事故で、仕事を辞めなければならなくなり、離婚も経験しました。私はすべてを失い、京都でゼロからスタートしなければなりませんでした。

私は当事者として、原告になろうと思った理由は二つ。

一つは福島原発事故の真実を知りたい。事故当時、国が真実を隠さずに国民にきちんと伝えたかを問いたいということです。

海外から見ると日本はまだ安全ではありません。今でも多くの国が東北、関東の食品の輸入を禁止しています。中国では一〇都県の食品と飼料の輸入を禁止しています。国際ＮＧＯ「国境なき記者団」が発表した記事で、世界での日本の報道自由度が原発事故の前の二〇一〇年の一一位を境に年々下がり続け、二〇一五年では六一位、二〇一六年では七二位になっています。

もう一つは、自主避難する正当性と権利を求めたい。

子どもは日本の未来です。安心安全に過ごせる環境で子育てしたいという親の気持ちを尊重し、避難を選択する権利を認めてほしい。国と東電はきちんと被害に対して償いをして、責任を取ってほしい。将来の世代にどのような日本を、環境を残したいのかを考えて行動に移すべきです。

明るい未来のために

山崎　淑子
（三春町から京都市）

あの時私は、放射能に関してあまりにも無知過ぎて、どのように対処すればよいのか分からず、ウロウロ、オロオロと焦りでいっぱいでした。

まず人として大切なこと。

もう責任転嫁はやめて真実を語り、原発の怖さ、罪を素直に認識し、被災者に誠意ある償い、賠償をして下さい。自主避難者は、生活にとても困り、疲れ果てております。

核と人間は、共存はできない。放射能には安全値はないのです。命の大切さ、尊さを理解して下さい。

これからの日本を背負って歩む子どもたちに本当の安全で安心できる環境を提供すべきです。それは自然エネルギーへの変換です。

子の、あの澄み切ったつぶらな瞳を見たことがありますか？　泣かせるようなことを二度としてはいけないのです、勝俣さん。

三・一一後、どれだけ多くの人の人生をめちゃくちゃにしたか、ご存じでしょうか？　我が身に置き換えて考えてみて下さい。被災者の人生の損失はいかばかりか。取り戻すことができずに心身が病み無念です。

復興の遅れ。最終処分地も決められず、フレコンバックが破けて草が伸びていてもそのまま放置され、二〇一五年九月五日の大雨で流されてその数さえ分からないまま。生きがい、健康、寿命を全て奪われました。

原発は、何代にもわたってＤＮＡまでも侵してしまう不幸を作る。そして、いつまで経っても直せない、見通しのつかない恐ろしい機械です。

二度とこのような悲惨な原発事故を起こさないように。どうか、どうか、お願いします。明るい未来のために。

京都訴訟から明らかにされる「フクシマ後の世界」

吉野　裕之
（福島市在住）

原告として京都訴訟に参加することの意味について考えてみたい。そうすることで、原発事故の実相と日本社会の現状が見えてくるような気がする。

家族の避難を選択した者として問いたいのは〝情報〟の扱い方である。どのようにして情報をとらえ、吟味するかによってその後の〝選択〟が変わる。非常時にはその判断が生死を、家族の幸福を左右することになる。自然災害と人災とが重なる「複合災害」は今後も起こりうる。高浜原発が再稼働されたいま、福島原発事故後の〝選択〟を振り返ることが今後の防災・減災に役立つとすれば、私たち原告が京都のみなさまにできる恩返しになると思う。

原発事故直後の情報

福島原発事故が起きた時、果たしてどれほどの住民がその影響について推測できただろう。原発内部の地震による損壊。予見し、対策を施すことができたはずの津波襲来による全電源喪失。経済優先の思想が配備を先送りし続けた最悪の事態を回避するための備え。炉心損傷から溶融まで、専門家は数時間とみていた。福島第一原発では放射性物質の風向きによる拡散方向や核種、線量予測が繰り返し出され、官邸や福島県とも共有されていた。非常時に国・県・電力会社・自治体が参集して指揮を執るはずだったオフサイトセンターは機能しなかった。住民を守るはずのスクリーニング基準は、福島県によって六倍以上（一万六〇〇〇ｃｐｍ→一〇万ｃｐｍ）に緩められた。けた違いに多くの放出が見込まれた放射性ヨウ素は測定すらされなかった。安定ヨウ素剤は福島県立医大の職員と家族しか飲めなかった（英断を下した三春町は例外）。緊急事態での対応策はほとんど実施されなかった。五重の壁（ペレット・被覆管・原子炉圧力容器〔厚さ二〇センチメートルの鋼鉄製〕・原子炉格納容器〔厚さ四・五センチメートルの鋼鉄製〕・原子炉建屋〔厚さ一四〇センチメートルのコンクリート製〕）で原発の安全性をうたい、容認してきた彼ら当事者・監督者・専門家でさえ状況を把握できず、適切な判断と対応をとれなかった。そして彼らは新たに「情報を伝えないための壁」を築いた。責任を免れ、自分たちの権益をなおも死守するために。

情報の持つ意味

事故後の経過を見ると、情報を恣意的に扱おうとする意図が見える。科学的・専門的とされる情報も、設置者の意図や設定手法（システム）によって供与される意味が左右されるのだ。原子力発電は科学の粋を集めたいわば集大成的な構造である。その原発が起こした事故は科学技術の負の側面を集約しているともいえる。果たして一般に流布されている情報は、その弊害を明らかにしただろうか？　むしろ、それを隠したのではないか？　隠し続ける中で事業者や行政の不手際、不作為が被害を拡大し、放射能汚染とそれへの対策を過酷化させなかっただろうか？　知らせない、測らない、過小評価することによって彼らが示したのは、自らが過信した科学技術至上主義を守ろうとする意図やその愚かさに他ならない。科学技術を経済性とのみ結びつけるゆえに生じたゆがみである。科学や技術は、人が公正に威厳をもって生きる権利とこそ結びつけるべきものである。被ばく受忍を正当化するためのリスクコミュニケーションではなく、住民が自ら紡ぐリスク回避のための情報（コミュニケーション）こそが必要である。その際にもっとも力を発揮するのが「一次情報」である。

一次情報として重要な測定

福島県の公共施設、学校や公園、街角に立つモニタリングポストは、本来、原発で事故が起きた際にその汚染がどのように広がるのかを把握するのが目的である。住民の生活における被ばく状況を把握するために用いようとすると齟齬が生じる。被ばく可能性を知るためには、生活する現場を実測することが不可欠。特に放射線への影響が高いとされる子どもたちにとってのそれは、子どもたちの性質に合わせて把握されるべきである。どこを歩き、どこでどのように遊び、どこで寝るのか。同じ市、同じ町、同じ家に住む子ども同士でさえ被ばく状況は異なる。代表点（モニタリングポスト）や平均値（ガラスバッチ）で考えることは一見科学的に感じられはしても、生活の実相を反映しているとは言えない。私たちは被ばく後の世界に置かれながらも意思を持って個々人として生きており、平均値や推定値で測られるべきではない。不安を避けたい思いは強くても、住民はそれを安穏と受け入れるべきではない。

除染後の通学路の現状

放射性物質は雨とともに地面に落ちた。地表面からの外部被ばくが原因となり、背丈の低い子どもほど全身で高線量を浴びている。行政による外部被ばく評価は地上一メートルでの測定値である。

除染が徹底されていないため測定場所によって高線量が散見される。遊ぶ間の平均値を持ち出し、環境省は追加除染を許可しない。詳細な値を知らされない住民は被ばくを避ける権利を今も奪われ続けている。

※公園や歩道の測定結果は特設ホームページで公開中　http://nposhalom.sakura.ne.jp/hsf/

歩道測定の例：高さによる差が明らかである

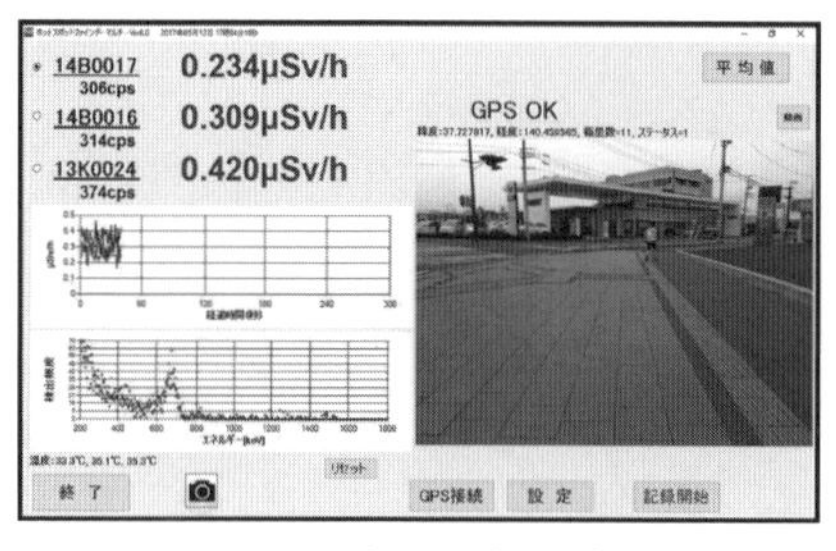

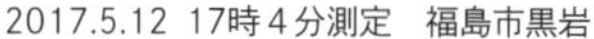
2017.5.12 17時４分測定　福島市黒岩

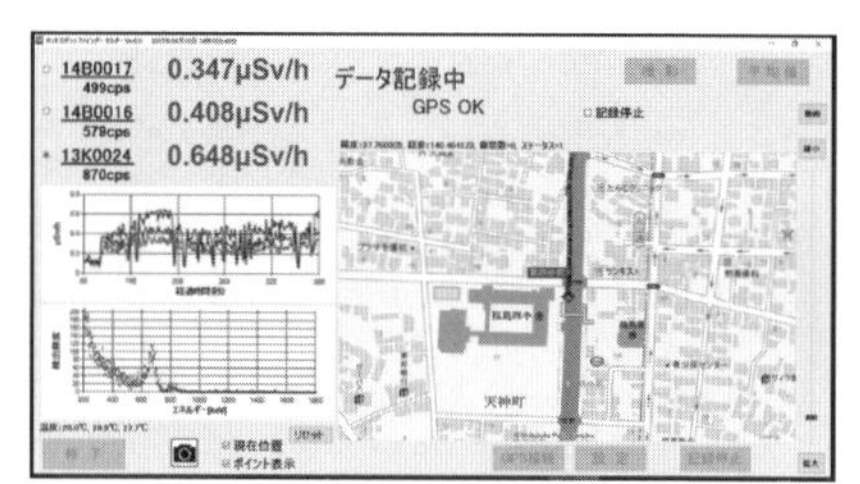

2017.4.16 14時18分測定　福島市天神町

公園測定の例：中央一点の代表測定値では子どもの遊びは測れない

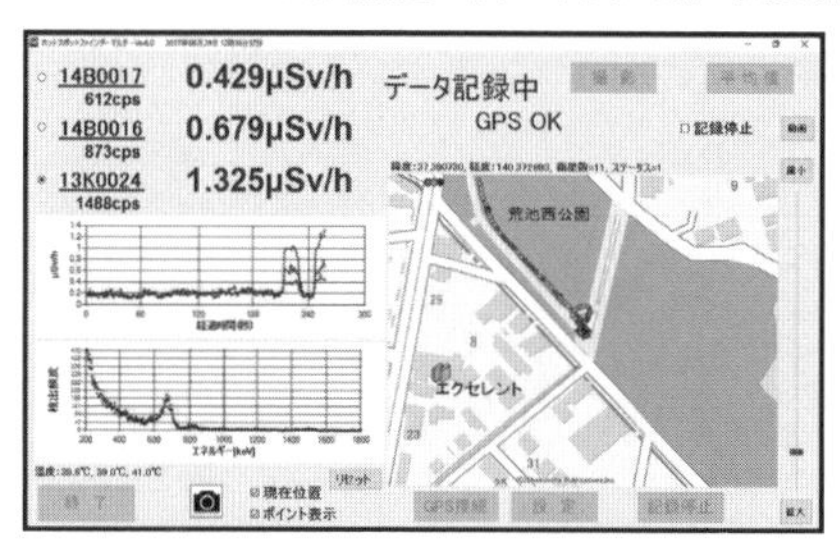

2017.6.29 12時36分測定　郡山市荒池西公園

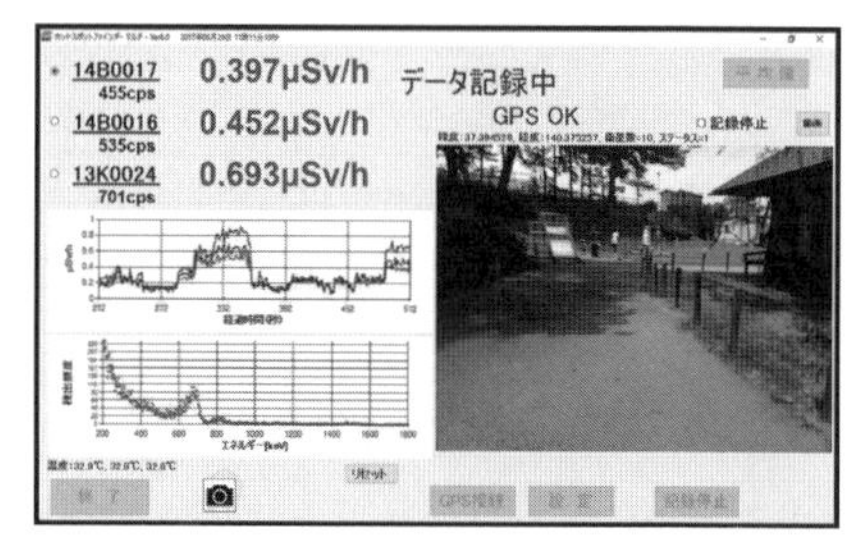

2017.6.29 11時11分測定　郡山市麓山公園

フクシマ後の世界

私たちは東京電力福島第一原子力発電所の事故を経験した。事故で明らかにされたのは、予防原則的に万が一の事故に備えようとする賢明さや健全性の欠如であり、不手際が露呈したことを隠すためになされる情報操作である。彼らは不遜にも「科学」や「専門家」、「情報」の使い方を意図的に誤り、状況を過酷化し、被害を拡大させた。現実に即さない情報に基づく政策は、住民本位であるはずがない。事故後に改定された原発の強化対策は、事故以前にもそれが必要だったこと、抜本的な対策抜きで危険な装置を動かしてきたことをさらけ出した。自治体任せにする避難計画は、そのほとんどが機能不全に陥ることを指摘されている……。福島原発事故後に生きる私たちは、反省のための材料に事欠かない。

人間の環境（エコロジー）には本来、三つの側面がある。生態系を維持し、生きる上で不可欠な資源をもたらしてくれる自然環境。個人が尊厳を持って生活する上での社会環境。豊かな感性と情緒を共感の中で育む精神環境。この三つのエコロジーが、自然科学・社会科学・人文科学の調和の中で機能すること（エコシステム）が大切であると痛感した。私たちはみな、当事者として事故後を生きている。原発事故は破滅的で、人々に悲しみをもたらしたが、一方で私たちは、原発事故が科学と社会を繋ぎ直すための接点・契機になりうることを知っている。全国で展開されている原発訴訟は、単に賠償を得ようとするものにとどまらず、事故の原因ともたらされた影響を広く社会に知らしめ、今後起こりうる複合災害に備えた防災・減災意識を育む礎とならんがためである。その意味で、原発事故の被害者に注目し、共感を持って関わろうとすることは、再稼働が急がれる日本で住民自身を守ることにつながるのだ。真実から遠ざけられ、意図的に分断され、願いを聞き入れられず、不安と悲しみに打ち震える住民は、私たちで最後にしたい。

命——いのち

M・M
（会津美里町から
京都市）

私は、福島県の会津地方から二〇一二年二月に、当時小学三年生の息子と京都へ自主避難しました。

被災直後のこと

東日本大震災の日、会津の震度は五弱でした。

そのとき息子は放課後の学童保育にいて、私は仕事中でした。緊急地震速報が鳴り、最初は少し揺れたなという位の驚きだったものが、段々揺れが激しくなって私は半分腰が抜けてしまい、同僚の肩を借りながら外に出ました。天井がはがれ落ち、コンクリートの砂ぼこりが舞う中の避難でした。外で上司の指示を待つ間、息子が心配で仕方なく、学校に何度電話しても繋がらず、不安に押しつぶされそうでした。揺れが収まってから指示を待たずに「帰ります！」と言って、二〇分から三〇分かかる息子の小学校へ、泣きながら運転しました。途中、信号待ちで止まった橋の上で、一度目の大きな余震がきました。恐怖と不安で呼吸困難になりそうでしたが、早く息子の所へ行かなければという気力だけで車を走らせました。

学校へ着くと、子どもたちはまだ雪が残る校庭の真ん中へ集められて、迎えを待っていました。

体感した地震の大きさがかなり違ったようで、息子は揺れたのを面白半分で私に話してくれました。

翌日から二週間、私は職場の復旧工事が終わるまで自宅待機でしたが、息子の学校は休校にならず、震災三日後の三月一四日から終業式までの間、子どもたちは毎日歩いて小学校へ通いました。一方で、ガソリンが流通せず、ガソリンスタンドまで車が渋滞する光景が連日続きました。スーパー内の食品や水は空っぽでした。

この時、私の周りに、福島第一原子力発電所の爆発について、「爆発イコール放射能」、「爆発イコール危険」だとか「逃げる」といったキーワードはありませんでした。メールで回ってきた、「雨に当たらないで下さい」というものは、大げさだと思いました。作物の「風評被害」も「食べて応援」も疑いませんでした。疑問にさえに思わなかったんです。今思えば、なんてバカだったんだろうと、後悔してもしきれません。

疑問と不安の日々

そんな私が疑問に思い始めたのは、六月から始まるプール授業の案内がきてからです。「あれ？入ってよいのかな？　放射能は？」、そこからです。最初は何から調べてよいのかさえ分かりませんでした。小学校へ電話して、プールの安全に関して問い合わせても、曖昧な答えしか返ってきませんでした。飲む水や給食について聞いても、直接、教育委員会や給食センター、町役場へかけるように言われました。そして、いつも曖昧な答えです。だれも責任を持った答えを言ってくれませんでした。

そんな時にツイッターを知り、すぐスマホに買い替えてツイッターを始めました。そして、SNSやインターネットの情報からいろいろな意見や見解があることを知り、放射能が危険か安全か分からないなら、私は危険だという側に立って行動したいと思いました。これは山本太郎さんの言葉です。それから自分でガイガーカウンターを購入し、息子の行動範囲の計測をしたり、自分なりに調べたりしました。

放射能が人体に及ぼす影響や原発依存の問題などは、知れば知るほど闇が深く、生きるのがつらくなりましたが、私たちは過去にあった事実から学ぶしかありません。

その後、小学校へマスクを強制にするよう提案しましたが、もちろん無理でした。息子に毎日マスクをつけさせましたが、学校でマスクをしている子がいないので、きっと外して外で遊んでいたと思います。一つだけ学校が聞き入れてくれたことは、学校の放射線量を毎日計測してプリントで配ってもらうことです。プールサイド、校庭、子どもの登校から下校までの積算放射線量を六月から毎週プリントで確認しました。

しかしその年、プールの授業は受けさせませんでした。給食で出る牛乳を飲ませるのをやめました。コンビニなどで売っている市販のものも食べさせませんでした。外食もやめました。毎年行っていた家族旅行も行きませんでした。お友だちが食べていても、あれは食べちゃいけない、あそこへは行っていけないとたくさん我慢させました。

会津の線量は比較的低いとされていましたが、測定した放射線量や食べ物、飲み物からの内部被ばくを考えると、一年間の線量合計は年間一ミリシーベルトを超えるものでした。

どうしてでしょうか。福島県や国が汚染されたものを流通させなければ、こんなにすべてを疑うことはありませんでした。食品や土地の基準値をわざわざ高い値に変えて、被ばくを強制しなければ、本当に安全なものさえ疑ってしまうこともなかったのです。

そして私は、放射能に対しての疑問や意見を誰にも言えませんでした。話す話さないという線を引いてしまうことは、私の中で、必死で守りたい大切な人かどうかの線引きをしているようで、とてもつらかった。わかってもらえるまで話そうとせずに一線を引いてしまうのは、まるで見捨てている感覚です。友だちなのに、親戚なのに、おなじ人間なのに。

事実と、目の前の現実と、消えない放射能と、息子の健康や将来が不安で心配で、毎日歯を食いしばって、泣くのを我慢しながら過ごしていました。本当に苦しい毎日でした。

避難

自主避難を決めたきっかけは、避難するかどうか迷っていた二〇一二年の一月一日。京都に自主避難している息子と同級生の子がいるお母さん友だちと会津帰省中に偶然会い、京都で避難を受け入れていると聞き、誰も知らない所に行くよりは息子の友だちが一人でもいたほうがいいと思ったので、決断しました。この偶然の出会いは運命だと思いました。神様が背中を押してくれたんだと思いました。

二〇一二年、年明けすぐ審査に通ると、一度も下見をせず八年間勤めた仕事を辞めて、翌二月に京都の借上げ団地への入居を決めました。息子を転校させること、避難させること、すべて私のエゴかもしれません。それでも守りたい、恨まれてもいい、守るんだという強い気持ちが、私が避難した理由です。

引っ越し当時の日記には、「毎日息子の『ただいま!』に『おかえり!』ができること、普通に外で遊べること、草の上を歩けること、危険地域以外の食品を選んで買えること、すべてが幸せ。これから大変だと分かっているが、穏やかな毎日が嬉しい」と書いてありました。普通のことなのに、京都へきて感じた不思議な感覚を今も鮮明に覚えています。

避難後、転入初日から息子は学校ですぐお友だちをつくり、毎日楽しそうに様子を話してくれました。その笑顔にとても救われましたが、同時に、寂しさを見せない、言えないであろう心境を思うと涙が出ました。そして、どんなに京都で楽しそうにしていても、心は会津に残ったままでした。京都で出会う人たちは誰も放射能の話に触れる人が居ませんでした。もしかしたら、思ってはいても触れられなかっただけなのかもしれませんが。この問題は、自分から目を向けて、耳を傾けないと本当のことが分からないんです。京都にいるから安心なんてことない、福島だけの問題じゃないんです。

現在思うこと

事故発生当時から何も変わらない政府や福島県の方針、基準値の高さ、「風評被害」を払拭しようという流れ、もう事故は過去のもので、放射能による問題はありませんといった雰囲気など、今も変わらず福島で子育てをする不安を感じます。

何も気にしなければ、何も変わりない日常。本当のことがわからないということが一番怖いので、住む場所や食べ物のことなど基準値を見直して、安心して暮らせる日々が来ることを願います。空間線量のみならず、土壌汚染についても、故郷に帰るのであれば、検討しなければならない重要な要素です。土壌が汚染されていれば、その土が風によって舞い、身体の中に入ることもあるからです。

これを読んで感じたこと、思ったことを周りの人に伝えてください。関心を持つ人が増えて、支援・応援してくれる人の輪が広がることをツヨク願います。そして、この世界から核というものがなくなることを願います。

私はこの国が嫌いだ

北山　慶成
（いわき市から
福知山市）

基準値を変えただけで安全が護られると主張する人達。
安全だと思わなければやっていられない人達を指して安全性を訴える人達。
金の為に騒ぎ立てるなと喚く人達。

全部リスクを負わない安全な外野の声だ。

それでも、この国ではそれが当たり前で危険など無いものと認識されている。

幼い子を持つ主婦に言われた事がある。

「甲状腺がんになっても、手術すれば治るから良いじゃない」

転移のリスクがあるのに自分の子どもががんになるのを許容出来る親はいないだろう。

それを許容出来るのは他人の子どもだからだ。

私は我が子の安全を守りたくて避難した。

損害を賠償させるために裁判に参加した。

存在しない被害を主張しているのではなく、存在していたのに存在しないかのように扱われるから認めさせようとしているのだ。

しかし、この国では国の判断にケチをつける主張は主張すること自体が認められないかのようだ。

SEALDsという団体の若者がこの国が嫌いだと言うと、ネット上では「嫌なら日本から出て行け」「朝鮮人のようだ」と非難されている。

朝鮮人のようだの部分を言い換えると、日本人は文句を言わないという意味になる。

これは可笑しなことで、貧富・環境・教養・思想等に格差のない画一的な人民でない限り不可能な事柄だ。

それでも日本に不平を述べる者を見つけると、現実に目を背け幻想を根拠に排斥を行い、納得できないなら国を出ろと求める。

これら社会的同調を福島県民や避難者に当てはめると、声を上げるのがどれだけ難しいかよく分かる構造だ。

資産を失い将来を奪われ健康被害にまで怯えなければならない人たちが、主張することもできずに盲従を求められる限り、どこに好きになれる要素があるのかと聞きたい。

しかしながらこの国では国益と称すればどんな事でもまかり通る。これは戦前から一貫して続いている。

多数の利益の為なら少数の人権など無視される。それどころか少数の側が自身の権利を守る活動すら身勝手な非国民と罵られる。

多数の側は痛みもなく、受益だけを受ける側なのに、痛みと損害を受ける者に道徳的責務を強要する。

これはもはや人柱だ。自分たちの為に他者を犠牲にする事に対し、何の疑問も思わないどころか大義名分まで準備している。それがどれだけ狂った事か一顧だにされないこの国が、私はたまらなく嫌いだ。

私には、夢がある

―二〇一五年八月一一日川内原発再稼働の眠れぬ夜に記す―

鈴木　絹江
（田村市から京都市）

私には、夢がある
テーブルの真ん中には、愛の花を活けて
国や県の人たちとひざを交えて
これからのフクシマを
これからの日本を語り合う夢がある

私には、夢がある
廃炉に携わるその人たちは、最も尊敬され
十分な報酬と休息が与えられ
人権に基づいた健康と命を大切にされる

私には、夢がある
際限なく降り注ぐ放射能と言う悪があろうとも
私たちは、コツコツと生き抜いていく

女たち　いのちの大行進

決して侮らず、慎重にその生き場所を確保して
充分に吟味された食べ物と空間の中で必ず勝利を手
にする。

私には、夢がある
フクシマを守り抜いた子どもたちと
避難した希望の子どもたちが
種をまき、新しいフクシマを作っていく夢である
未来の子どもたちが幸せの中で収穫し、分かち合
い、足ることを知るとき
それが、たとえ一〇〇年、二〇〇年先であろうとも
わたしは風に乗って、そこに立ち合うだろう
私には、夢がある
一〇〇年前に原発を止めてくれたから、今、私たち
はとても幸せに生きています。
エネルギーは全て自然の恵みにより与えられ
長い年月が掛かりましたが、廃炉への道筋も見えて
きました。

私たちの今の幸せは、皆さんが諦めず、闘い、抗い、正してくれた贈り物です
私たちの故郷は、緑豊かにその川に魚が戻り、その空は、本当の空になりました。この美しい故郷に、あれから七代先の子が生まれようとしています。
私には、夢がある
失って初めて手にする夢である
哀しくもあり、しかし、絶望の中で見つけた希望でもある
弱虫な私ではあるけれど、決して一人ではない
とても大切な、とてもステキな夢がある。

特別寄稿

支援する会共同代表からのメッセージ

避難者の裁判に教えられ

原発賠償訴訟・京都原告団を
支援する会共同代表
（市民環境研究所代表理事）
石田　紀郎

支援する会の共同代表の一人にならしてもらったが、傍聴席に座り、原告の人々の六年間の苦労を理解したいと思っているだけの、なんともおぼつかない自分である。

公害現場に出かけ、被害者住民の人々と、研究者としてできることをやりながら、現代科学と研究者の在り様を考え続けてきたが、たいしたこともできずにこの齢になった。科学的調査結果を公害被害者に提供し、それを役立ててもらい、ともに運動をやってきたが、科学的データだけで解決できるものではない。被害者や被害地の諸問題と向き合い、公害を前提とする現代社会に警鐘を鳴らしてきたつもりであった。公害現場、環境破壊の現場を渡り歩いていたから、原発はとても我々と共存できない存在であると確信していたが、自分が取り組む余裕はなく、市民運動の仲間の後ろを歩いて来た。そんな自分史の前にフクシマが突きつけられ、現役の研究職が終了した身で何をやるべきかと戸惑う毎日であった。

そして、フクシマを表現する言葉として浮かんだのは「究極の公害」という一語だけだった。屋敷、田畠山林を奪った公害をいっぱい見て来たが、墓まで奪った公害に接したことを私なりに表現したものである。それからの毎日は、多くの方々と同じようにフクシマが大部分となり、それまでの現場はかろうじて続けているだけとなった。多くの脱原発運動に参加し、京都や関西の運動の窓口にもならしてもらった。汚染された土壌の放射能分析も続けている。そんな中で、この京都訴訟も知ってはいたが、なにほどの協力もできないままに、支援する会の共同代表の一人となり、この文章を書くように要請された。

たかだか傍聴席に何度か座っただけの私にはとても書けないと断ったが、それでもと言われていま書き始めた。そして、私が書けないというか、書きたくないと断った訳が分かってきた。これまでは、公害現場に出かけ、その公害現場の地域社会と京都を往復しながら、被害者との共闘を続けた。しかし、三・一一以降に京都に避難して来られた人々が京都の地で立ち上がり、「避難する権利」を掲げての裁判で、問われるのは国だけではない。京都という地域社会であり、地域の政治であり、京都市民の質である。まさに、お前は五〇年以上住んでいるこの京都で、避難者にどのような支援ができたというのかと厳しく問われている。何度か市政に挑戦する運動にも参加したが、この程度の市政のままである。避難者への住宅支援にしてもこの程度であり、京都市政と京都市民の質の悪さを反映している。だから、避難者のきびしい問いに答える文など書く資格がないと思っているから断ったのだと気づいた。

三・一一以降にこの京都の地にやって来た避難者から、京都に避難して来てよかったと言ってもらえるような街づくりをしっかりやれと教えてもらった。裁判支援は避難者支援とともに京都を変えるチャンスでもある。

原発事故賠償訴訟原告の証言はみんなを励まし勇気づける

原発賠償訴訟・京都原告団を支援する会共同代表
（京都「被爆2世・3世の会」世話人代表）
平　信行

福島第一原発事故による被害に遭い、故郷を離れざるを得なかった人たち、原発賠償京都訴訟原告のみなさんの苦難の体験を法廷で聞くことになりました。プライベートなことまで含めて公の場で語ることなど、できることなら避けたかったに違いありません。逡巡も葛藤もあったと思います。それでも、原告のみなさん全員が迷いを振り切り、苦悩を乗り越え、二〇一一年三月一一日のあの日のこと、それから六年間に及ぶ日々のことを証言されました。これだけの被害に遭い、人としての尊厳を奪われたままで終わらすわけにはいかない。国と東電の責任を問い、当たり前のことが当たり前に果たされるよう求める強い意思の表れでした。

原発事故が発生して、政府や自治体の無力、無能、無責任さが露わになる中、自分の意思で避難するしかないと判断されたみなさんは、襲い来る恐怖と不安を行動に変えることができた人たちでした。チェルノブイリ原発事故を想起する、子どもの保養プログラムから学ぶ、インターネットで本当に信用できるサイトを探す、土壌汚染も大気汚染の実態にも高い関心を払い続ける等々、我が子を守ろうとする熱い思いと鋭い感性がそのことを可能にしてきたのだと思います。

一人ひとりは我が子、我が家族を守るための必死の行動だったと思いますが、そのことが多くの人たちに影響を与え、行動を促し、励まし、今こうして集団訴訟に至るまでの起動力になってきたのだと思います。そして原発事故被災者だけでなく、日本中の人々に原発事故対応についてたくさんのことを教えてきました。

家族そろっての幸せな暮らしが壊された悲しみ、断ち難い望郷の念、深まる子どもたちの健康不安、大人たちも襲われている健康障害、福島と京都と二重生活のあまりの困難さ等々、原発事故のもたらした問題の大きさ、深さが明らかにされています。それでも避難生活を続け、問題の根本的解決を求めて行動するみなさんの姿には、やはり放射能の危険性に対する正確な認識と家族への本当の深い愛情が源にあるのだと痛感します。妥協しない、屈しない、人として当たり前に生きる姿勢を崩さない、そのための努力と継続した行動、強い意思に私たちも励まされてきました。

原告のみなさんの体験の一つひとつ、証言の一つひとつ、願いの一つひとつは当面する賠償訴訟の勝訴の力となるだけでなく、私たちの暮らす国と社会のあるべき姿、被災者を全面的に支援する施策にもつながっていくべきものだと思います。そういうことも期待しつつ、本書が本当に多くのみなさんに読まれ、原発事故被災者を支援する運動の大きな力となることを願います。

傍聴席から

原発賠償訴訟・京都原告団を支援する会共同代表
(国民救援会京都府本部事務局長)
橋本　宏一

原発賠償京都訴訟の裁判は、京都地裁の一番大きな法廷、一〇一号法廷で開かれている。傍聴席とその柵内の原告、被告とそれぞれの弁護団、裁判官、書記官など合わせて総勢約一二〇人ほどが参加する大法廷での、原告の人たちのたたかいを見守り続けてきた。

刑事、民事の裁判の違いはあるが、思えば法廷でのすべてのやりとりは、当事者が人生を賭けて訴え、弁護団がその正当性を法理論と証拠によって裁判官に認めさせる、熱いたたかいの舞台であり、この言論戦を目の当たりにして、考え、解釈し、ことばにまとめて法廷外の人々に伝えて支援を広げる活動を業としてきた。すで三七年目。自分の人生は、この傍聴席で育まれたスピリットに支えられ、ものを見、考え想像し、言葉を交わし、社会との絆をひろげてきた。人生とは何か、人間を学ぶ学校として、この原発賠償京都訴訟の裁判にも参加させていただいた。

権力から無理やり被告席に座らされる刑事裁判と異なり、民事訴訟を起こすのは、私の知る多くの場合が、弁護士や周囲の人たちと相談し、やむにやまれぬ思いを抱き、一大決意をして踏み切っている。傍聴しながら常に問う。裁判は何のためにあるのか、何のために起こすのか、その原点に立って、主張や立証に目を凝らし、耳を傾ける。問われている事実はどうなっているのか、道理はあるのか。争点は、事件の顔は、最も短い言葉で事件を訴えるとどんなフレーズになるか、等々。

東京電力福島第一原子力発電所事故は、足尾鉱毒事件以来の最大の公害とされ、多大な被害と犠牲を出した。福井の大飯原発稼働差し止め訴訟の原告になったうえで、放射能汚染から家族や子どもを守ろうと避難をしてきた人たちが起こした裁判の存在も知って、こちらの応援をしなければと裁判所に駆けつけた。

この裁判でも傍聴席は人間を学ぶ学校だった。原告の一人ひとりの声を聞けば聞くほど、原発事故と避難がわがことと重なり、言葉の一言一言に、人間としてあたりまえの、誰からも妨げられない平穏で自由な生活が保障されなければならない、この国の人権と正義が問われている、大変な裁判闘争の渦中にあると知らされた。

同時に、一人ひとりの原告の人たちの生き様に深い感銘を与えられた。皆それぞれが独立した個人として言い尽くせない具体的事情がある。避難を決意するまでの悩み、葛藤、家族、友人、ふるさととの別離、生まれ育った山河、そこでとれたものを食べ、生活の中に取り入れてきたのに、これを断ち切って異郷の地へ移るということ。傍聴席では毎回のように原告の証言を聞きながら決断と避難の場面を想像した。決断した動機として、少なくない原告がチェルノブイリの原発事故の際の教訓を語り、あいまいな行政からの情報よりも、自ら調査し安全で確かな方法をとろうとしたとの証言が胸にストンと落ちた。自分でもきっとそうしていただろう。「立派なお母さんや」などとひとりごちた。

原告には、動かし難い事実と道理がある。避難したのは当然の権利、それをきちんと認めなければ、著しく社会正義に反する。そう思うのが市民常識。常識の声を多く集めて裁判官に届け、まっとうな判決を勝ち取りたい。

傍聴席から法廷の外へ、仲間、市民の思う言葉を発して、納得の判決を。

原告の思い
～アンケートから

首都圏の放射性物質拡散のこと

植村　知博

Q 裁判を通じて訴えたいこと

福島県だけでなく原発爆発当時の風向きで首都圏まで放射性物質が拡散し、放射線量が高い地域の不安とストレスは福島の人たちと同じであるということ。

Q なぜ「避難」してきたのか？

子どもへの低放射線の影響がまだはっきりしないため。

影響が出てからでは手遅れになるため。

Q 避難して思うこと

妻の実家近辺に住んでいるので生活自体は問題ないですが、経済的負担が大きいです。

Q 今、抱いている思い

家族で生活したいです。

Q 本人尋問を終えて

結審の行方を見守るしかないかな。

Q 伝えたいこと

避難している理由は一〇〇人いれば一〇〇通りあるわけで、一括りで片づけられない問題である。

取り返しのつかないこと放射能拡散

神谷　景子

Q 裁判を通じて訴えたいこと

訴えたいことは、国と東電は経済的利益優先で、人々の安全、安心に暮らす権利を踏みにじっているということです。

平均一〇〇万人に三人と言われる小児甲状腺がんの発生率に対し福島ではその四〇倍となり、現在一八四人の子どもが甲状腺がんにかかっています。

その一八四人、一人ひとりに家族がいます。その家族の気持ちを思うと、やりきれない気持ちになります。

放射能に汚染された地域は人間が住むべき土地ではありません。放射能に色がついていて目に見えたら、誰も住まないと思います。見えないこと、分かりにくいことをいいことに、東電と政府は問題がないふりをしています。多くの人間が発症しなければ避難の権利は認められないのですか？

健康被害が出る可能性があることは確定しているのに、被害が出るまで避難してはいけないのですか？

私の周りには、避難したいけど経済的、社会的理由でできないという人がたくさんいました。東電と政府は、自分たちがやったことに正面から向き合ってほしいと思います。

Q なぜ「避難」してきたのか？

原発事故の後、子どもの学校が始まるので一旦福島に戻りましたが、子どもが学校から言われたことを聞いてみると「雨に濡れてはいけない」「外で遊んではいけない」「遊ぶときは体育館で」「体育の授業も体育館で行う」「登下校中は道の端を歩いてはいけない」「草にふれないように気をつけなさい」だったり、また除染をしたと言ってもその実態は表土を集めてビニール袋に入れ、校庭や公園の端に埋めただけということを知り、気休め的な対策しかとられていない、根本的な解決法はないのだと実感しました。

もし、万が一子どもに将来健康被害が発症したら悔やんでも悔やみきれない、それなら可能性のない土地に住みたいと思い、避難することを決めました。

Q 避難して思うこと

雨に濡れても怯えなくていいのは、こんなに素晴らしいことなんだ！と思いました。

Q 今、抱いている思い

政府は積極的に避難を認めるべきだと思います。一方、原発事故から数年が経ち、原発事故に対する人々の関心が薄れていることを感じる中、原発再稼働が行われ、日本人ってどれだけ忘れやすいんだろうと思います。

Q 伝えたいこと

ものごとには取り返しのつくことと取り返しのつかないことがあると思います。

放射能拡散は、取り返しのつかないことです。むかし福島に原発があることを知ったとき、「まさか事故なんて起きるわけないし、なんとかなるでしょう」と思ったことを覚えています。「なんとかなる」ことはありませんでした。

他の地域の人には同じ目にあってほしくないです。そして今や、なかったことにされつつある福島（およびその周辺の）現実を忘れないでほしいです。

家族が仲良く元気に暮らせますように

小山　順子

Q 裁判を通じて訴えたいこと

本当のこと。福島の汚染や人間関係がどのようになっているのか、事故後どのよう体調変化があったのか。

Q なぜ「避難」してきたのか？

二〇一一年のゴールデンウィーク頃から子どもたちに急激な体調変化が次々と見られたから。窓を開けたり外に洗濯物を干したり子どもたちが外で遊んだりといったことを、何の不安もなく当たり前にできる環境で生活するのが当然であると思ったから。

Q 避難して思うこと

芝生の上での運動会、野外プール、どんぐり拾い、自転車や縄跳びの練習など、子どもたちが外でのびのびと過ごす姿を、放射能への不安を微塵も抱かずに見ていられる時に、避難を決意してよかったと感じる。

避難世帯が周囲に多かったこともあり、環境が大きく変化したなかでもそれほど精神的に不安定にならずに過ごせたとは思う。ただ、娘には障がいがあり、通院先を探すなどの対応には苦心した。避難生活は誰にとっても大変だが、要介護者や障がい者などが避難するのは、また違った大変さがあり、本人の負担も大きい。

Q 今、抱いている思い

福島であっても避難先であっても、家族が仲良く元気に過ごせることが一番。家族がいるところが我が家であるということをあらためて実感し、考え方がシンプルになった。

Q 本人尋問を終えて

私自身は尋問を聴いていた立場だが、原告がまるで加害者であるかのように問い詰められる場面を多く目にし、理不尽さと憤りを感じた。

Q 伝えたいこと

障がい児である娘を育てていても、原発事故以降の出来事を振り返っても、非日常のことや予想だにしなかったことに直面した時に、普段の生活では見えないその人の本性や底力があぶり出されると痛感。この先の生活でも想定外のことは起こるだろうけれど、それに振り回されることなく夫婦で協力して、主体性のある生き方をしていきたい。

また、福島での親しい友人たちは、放射能や避難についてそれぞれ自分の意見を持ちながらも、避難を決めた我が家の考えも尊重し応援してくれた。このような友人たちに恵まれたことを、ありがたく思う。

Q 忘れられない日

二〇一一年五月三日　息子が大量の鼻血。その後毎日のように、日に何度も大量の鼻血が出る。

心身にかかった負荷がはかりしれない

近藤　香苗

裁判にかけた労力が尋常ではなく、心身にかかった負荷がはかりしれません。

単身者には支援もなかったので、避難時は不公平感や孤独感がありました。

こういう感情を持つことも、ものすごくストレスだったので、それに自分がやられてしまっては幸せになれないと、手放す努力もずいぶんしたと思います。

二度と事故が起きないように

長谷川沙織

Q 裁判を通じて訴えたいこと

原発事故が起こったとき、命の危険を感じて逃げた。恐ろしい体験だった。大量の放射能を浴び、今後も子どもたちの健康の影響の心配がある。国や東電は安心、安全の方向だけれど、私たちが見た現実と違うところもある。二度と事故が起きないためにも、きちんと責任を取ってもらいたい。

Q なぜ「避難」してきたのか？

これ以上、放射能を少しでも取り込まないようにしたいという想いで避難した。

Q 避難して思うこと

知人もいない土地へやってきたけれど、とにかく子どものためにと必死だったので、福島よりも放射能を気にしなくてよいので、本当に嬉しかったし、避難できたのが有り難かった。

Q 今、抱いている思い

五年経つが、子どもたちが、祖父母や家族らとの交流が少なく育ったので、それが心残りだった。私自身も一人で育てるのが大変と感じるときもあった。故郷へ帰りたい気持ちも強くなった。

Q 本人尋問を終えて

初めての経験。終わった後体調を崩した。私にとってそれだけエネルギーのいることだった。

心残りなこともあったが、心を込めて伝えた。

Q 忘れられない日

二〇一一年三月一五日、いわき市から、栃木県へ車で避難した日。死ぬかもしれないと思ったので、（避難できずに）残っている人たちに、申し訳ない気持ちでいっぱいだった。

深呼吸して……

M・A

Q 今、抱いている思い

避難先の京都には娘たちがいて、いわき市には夫や母がいるので、京都といわきの行き来をこの六年間で何度もしていますが、いわき市に帰っていつも思うことは、市役所、公園、学校、駅前と人の集まる至るところに、モニタリングポストが設置され、地元の天気予報の中では毎日「本日の空間線量」が報じられている……。

あの事故後、この六年間で、福島県内ではあたりまえとなってしまったことではありますが、こんなにも「放射線量を意識しなければならない人の住む町」は、日本全国の中で福島県以外にないと思います。

福島県の浜通りは、冬に雪が降らない代わりに、一日おきぐらいに強風注意報、時には暴風警報が出されるくらいに風が吹き荒れます。その強風が吹いた後、この空気は本当に大丈夫なんだろうかと思うと、洗濯物やお布団が干せなくなり、雨が降った後、山から流れてくるこの水は、本当に大丈夫なんだろうかと思うと、洗い物が不安になります。気にしているとうつになって生活ができなくなりそうになるので、見ないふりをして、何も感じない様にして生活をするしかありません。そして、いつしか、何も感じなくなり、何も言えなくなってしまったことをいいことに、あの事故はなかったことにされてしまうかもしれない……。それが一番怖いです。

温暖で、海の幸山の幸に恵まれて、住んでいる人たちの心も温かく、本当に住みよかった町。都会で心疲れた時に、温かく迎え入れてくれたはずであろう故郷を、安心、安全と思える故郷を、娘たちは、あの事故で奪われてしまいました。それが一番悲しいです。

Q なぜ「避難」してきたのか

二重三重の生活費、行き来にかかる交通費と、経済的にはとても苦しくなりましたが、娘たちの将来を考えれば今回の避難は間違ってはいなかったと思います。いわき市と京都との行き来の中でも、どんなに放射線量が下がったとはいえ、やはり娘たちは、あのまま いわき市には住まわせておくことはできなかったと、あらためて感じています。

Q 本人尋問を終えて

夫の兄弟姉妹は避難したのか？　夫の兄弟姉妹の子どもは何歳か？　など、なぜそんな質問をされなければならないのか、避難したのは私たちなのだから、私たちのことを質問して欲しいと思える様な質問ばかりされて、悔しさでいっぱいでした。自分が思っていることを、自分の権利主張を、自分の言葉で、どんな場においてもはっきりと伝えられるようになりたい！伝えていかなければいけない！と思いました。

Q 忘れられない日

平成二三年三月二八日。

見えない放射性物質の恐怖で覆われているいわき市から避難して、やっとの思いでたどり着いた京都に降り立った時に、「もう深呼吸をしてもいいんだよね」と言って、二重三重にしていたマスクを外して、大きく深呼吸をしていた次女の姿……。一四歳の少女が、どれ程、迫りくる放射性物質の恐怖を感じていたか。その日は、一生忘れられません。

福島人として今思うこと

W・M

Q 裁判を通じて訴えたいこと

原発事故が起ったことで家族は離れ離れになり、穏やかな生活、当たり前に思い描ける未来も消えたこと。

汚染された故郷を元に戻して欲しい。

Q なぜ「避難」してきたのか？

平常時より二〇倍以上の放射線があることを知りやっと歩けるようになった我が子をその環境下に置くことは絶対に考えられなかった。

ただただ、我が子を守りたかった。

Q 避難して思うこと

放射線を日常的に気にしない生活を送れている反面、二重生活の厳しさを感じる。避難先の一般の家庭と比べ、我が家は特殊であることに気づく。

福島に残る親たちに寂しい思いをさせて申し訳なく思う。

Q 今、抱いている思い

避難先から戻った友人の「出るも地獄、戻るも地獄」という裁判での発言が頭をよぎる。

自分たちは大半を福島で過ごしてきたから帰りたいのは当然。でも子どもたちは避難先の生活にも慣れ、順応し、友人もいる。戻る選択肢はあるのか？ 親がいての子どもなのか。子どもがいての親なのか。どうすることが正しいのか悩まない日はない。

こんな思いをする必要があることが本来ありえない。とはいえ、最後は自分たちで決断しなければ……。

Q 本人尋問を終えて

原発事故後から数ヶ月は恐怖と不安ばかりだった。時間とともに少しずつ前向きになり、早く普通に楽しく生きたい！と気持ちも切り替えてきたつもりだったが、夫の尋問と同時に、色々な方の思い、悲しみ、辛さを聴き、何日も心が重く動けなくなった。これが私たちの現実なのだと目の前に突きつけられた。

Q 伝えたいこと

事故後六年を経過したにもかかわらず、いまだに原発の処理もままならない。今後三〇年以上の廃炉作業が必要な状況を〝天災〟で片づけようとする東電、国の対応に強い憤りを感じる。未来の子どもたちのためにも責任をまっとうでき得る社会にしてほしい。

Q 忘れられない日

二〇一三・一一〜　家族三人で京都に避難
二〇一五・一二〜　夫会社　避難先で開業
二〇一六・一二〜　夫会社　閉鎖
二〇一七・一〜　夫が福島で会社再開

未曽有の司法判断を

匿名

Q 裁判を通じて訴えたいこと

国は国民を守ることをしませんでした。そのことを認め、謝罪し、責任を取り、私たちの被害と損害を十分に認めた償いをしてください。

国と東京電力は、良心と倫理観に基づき真実を開示してください。

私たち国が決めた避難区域外の人々も、本来避難すべき対象であったこと、今もその状態であることを認めてください。そしてそれに沿った救済支援策の実行をしてください。

国は原発からの完全撤退を決断してください。

国が先頭に立って命と尊厳を尊重する社会を実現してほしいと訴えます。

Q なぜ「避難」してきたのか？

放射能に関しては予防に勝る対応はありません。我が家は国が避難指示を出さなかった地域であり、国が子どもを逃がしてくれなかったため、また我が家も家庭の事情があって逃げるに逃げられず、初期被ばくをさせられてしまっていました。子どもがこれ以上放射能による健康被害を受けないようにするためにはできるだけ遠くに避難することが絶対に必要でした。福島県中通りは、ところによっては浜通りよりも放射能測定値の高いところがたくさんあります。我が家のある地域は、市内でも比較的放射能測定値が高い地域です。でも避難を考え始めた時、放射能は心配ですが子どもの生活環境を大きく変えない方が良いと考え、同じ学校に通えるように、避難するにしても同じ市内で放射能判定値の低い、西側の地域（吾妻山に近い地域、運動公園のある辺りなど）に家を借りようかと散々探しましたが、浜通りからの避難者で埋まっているとのことで部屋がありませんでした。それで県外も含め通える範囲に何とか避難したいと探し回った結果、原発もまだまだどうなるか予断を許さない状況でもありましたし、結局なるべく遠くに避難するほうがよいとの結論に至り、母子避難しました。夫が仕事を変えるわけにはいかなかったからです。

Q 避難して思うこと

国は原発や放射能に関して素人の国民に避難するかどうかの判断を丸投げし、自己責任としてしまったため、私たちは「自主避難者」と呼ばれる立場にされてしまいました。このことは避難することに関して社会的大義がないことを意味します。子どもは他人から実際の言葉として非難されるようなことを言われなくても、言外に社会的大義名分がないと見られていることをひしひしと感じ取り、引け目を感じ、肩身の狭い思いをし、惨めな思いをし続けました。親が何を言おうともどうしようもないこともあります。感じることを止めることはできません。理屈は理解しても感情は別ということなのかもしれません。社会的大義がない避難者は社会から疎外され、避難者自身にも混とんとした感情をもたらし、如何に深い疎外感、孤立感、無力感にさいなまれる日々であるか、ご想像いただければと思います。さらに福島から遠く離れた場所への母子避難ということで、子どもと父親がともに過ごす時間が失われ、このことは大変大きな取り返しのつかない喪失です。もちろん、子どもが築き上げてきた友人関係など福島での生活のすべても破壊されました。私たちは、「子どものそれまでの幸せな日常」と「健康」というどちらも大事でどちらかを選ぶことなどできないものを天秤にかけて片方を優先しなければならない、非情な選択を迫られたのです。今も迫られているのです。原発事故がなければこんな選択はしなくてよかったのに。福島に居られればどちらも持ち続けられたのに。私たち家族は、過去も現在も未来もすべてを失いました。決して取り戻すことのできないその時だけのかけがえのない時間を失いました。このことは到底償うことなどできないものです。政府からの避難指示がなかったがために、家族間にひびが入り、周りともひびが入り、修復は不可能です。避難指示がない地域からの避難だからこその精神的損害の大きさを認めてほしいと思います。

Q 今抱いている思い

放射能について、国や東京電力はその恐ろしさを十分知っていたはずです。それなのに私たちを避難させず被ばくさせ、恐怖に陥れていることは断じて許されないことです。私たちはこの非人道的な仕打ちによって尊厳を踏みつけられています。命をないがしろにされています。私たちの人生を返してください。原発事故という未曽有の大事件には未曽有の対応が必要です。未曽有の司法判断を望みます。

原告のみなさま、弁護団のみなさま、支援者のみなさまには大変お世話になりました。深く感謝申し上げます。

Q 伝えたいこと

原発事故が起き、避難し、裁判の原告となり、人間社会も弱肉強食だという現実が骨身に染みます。弱者の世界に入るとまたその中で弱肉強食……。どこまでも繰り返しているのではないかと感じます。

支援する会スタッフからのメッセージ

提訴から４年。原発事故まで他人だった人たちが原告となる集団訴訟の難しさはありましたが、やっと結審までこぎ着けました。代表世帯以外は主尋問の時間が短い、変則的な本人尋問でしたが、原告の人たちは見事に乗り越えました。本人尋問を経験したことで原告団の結束は固まったと思います。その結晶がこの冊子です。

上野　益徳（事務局次長）

原発被害者の完全賠償を求める集いを開催したのは2011年９月でした。その後、相談会を開催したり、原陪審に区域外避難者の賠償指針の策定を求めるなど、避難者とともに取り組んだことが支援する会の結成へとつながっています。京都訴訟は2018年３月に判決が出ます。原告の方々が笑顔になれる判決をとりたいと、今強く思っています。

奥森　祥陽（事務局長）

「政府に対抗する判決を得るには裁判官を支える世論が必要である」という弁護団の適格なご意見、そして原告の方の誠実さに支えられている支援者です。

原発事故は他人事ではないのですから。

神田　高宏

この裁判の一番の思い出は、私が京都・市民放射能測定所で測定した「干し柿」のことです。測ったら１キログラムあたり50ベクレル以上の汚染という結果でした。

それが避難者が福島に帰還できない根拠の一つとして、裁判所に証拠提出されました。

これからも裁判の闘いに役に立てるよう、がんばっていきたいと思います。

佐藤　和利

原告の方々の想いを一人でも多くの方に知っていただきたい。ひとごとではないのです。

命を守るという当たり前の事が今一番おざなりにされているのではないでしょうか？

一人でも多くの方にこの本を読んでいただけることを祈って……。

梅谷　敦子

支援者からの激励の手紙

原告とともに

国策東電原発事故の放射性物質により放射能汚染された地域以外の地域では、住民を放射能の影響から守る為、被ばく限度をこれまで通り１ミリシーベルトを基準として安全施策が行われている。

そして、放射性物質がまだあるのに放射能汚染地域は、国により20倍の基準引き上げを突きつけられ、被害はこれからもないものとされ、事故は終わりとされる。このことに目をつぶったり、許してはならない。

菊池　洋

避難の権利にこだわっています。

広島、長崎、核実験場とされた南太平洋の島々、そしてチェルノブイリ、どこで被ばくしようと「核」被害から逃れるという人間としての当たり前の選択を権利として認めさせることが、避難者を排除しようとする歪んだ日本社会を変える第一歩だと思ってます。

中田　光信

編集後記

原告団の冊子を作ろうという話があったのは、本人尋問が始まる半年程前のこと。当時は本人尋問のことで余裕がなく、原告の意見もまとまらず宙に浮いた状態になっていました。しかし、全世帯の本人尋問が終わったタイミングで、また冊子作りが再浮上し、原告団一丸となって取り組むことが決まりました。

私たちはたまたま避難先が同じ京都で、原発賠償京都訴訟の原告となりました。原発事故が起こらなければ知り合うこともなかったでしょう。同じ市町村に住んでいたり、ご近所だったり。すれ違っていたとしても気づかない存在だったかもしれません。そんな私たちが国や東京電力に対して集団で訴えを起こし仲間となりました。

これまで意見が食い違うこともあった私たちですが、みんなで話し合いながら交流を図り理解を深めてきました。陳述書や冊子の原稿を書くことが、震災からこれまでの日を追体験するようでつらく感じる人や、家庭や仕事など様々な事情により掲載できなかった人もいますが、原告団としてお互いに尊重し合える関係を築くことができたと感じています。

この裁判も平成二九年九月に結審、そして来春には判決を迎えようとしています。全国の訴訟にバトンを繋ぐような公正な判決が出ることを強く期待しています。

最後になりますが、提訴してからの四年間、ともに闘い導いて下さった弁護団の先生方、熱い心で常に見守って下さった支援者の方々に心よりお礼申し上げます。そして、この本の発行にあたり写真を提供していただいた飛田晋秀さんをはじめ、編集を手伝ってくれた阿部さん、ご協力いただいたすべてのみなさまに心から感謝の意を表します。

編集委員一同

編者　**原発賠償京都訴訟原告団**

〒612－0066　京都府京都市伏見区桃山羽柴長吉中町55－1
コーポ桃山105　市民測定所気付

編集委員

井原　貞子（原発賠償京都訴訟原告団　運営委員）
宇野　朗子（原発賠償京都訴訟原告団　運営委員）
齋藤　夕香（原発賠償京都訴訟原告団　原告）
高木久美子（原発賠償京都訴訟原告団　運営委員）
福島　敦子（原発賠償京都訴訟原告団　共同代表、編集委員責任者）
堀江みゆき（原発賠償京都訴訟原告団　運営委員、
原発賠償訴訟・京都原告団を支援する会　事務局次長）
奥森　祥陽（原発賠償訴訟・京都原告団を支援する会　事務局長）

表紙写真　田村市の田園風景
提供：渡辺絵美（原発賠償京都訴訟原告団　原告）
大熊町　防護服でお墓まいり（裏表紙中左）
南相馬市　フレコンバックのある風景（裏表紙下）
提供：飛田晋秀（写真家　三春町在住）

私たちの決断
あの日を境に……

発行日　2017年９月15日
編　者　原発賠償京都訴訟原告団
発行者　兵頭圭児
発行所　株式会社 耕文社
〒536-0016 大阪府大阪市城東区蒲生１丁目３－24
TEL. 06-6933-5001　FAX. 06-6933-5002
E-mail　info@kobunsha.co.jp
URL　http://www.kobunsha.co.jp/

落丁・乱丁の場合は、お取替えいたします。
ISBN978-4-86377-048-5　C0036

耕文社の本

つながりを求めて　——福島原発避難者の語りから

辰巳頼子、鳫咲子 編著

四六判　160頁　本体価格1,200円　ISBN978-4-86377-047-8

福島第一原発事故による放射線の影響を恐れ、東京に避難してきた母子避難者たち——2011年からの６年間、避難生活と先の見えない不安、家族との葛藤、そのなかでどのように〈つながり〉を求め、日常を送ってきたのか。どのような〈支援〉が求められているか。原発避難者への聞き取りと考察。

甲状腺がん異常多発とこれからの広範な障害の増加を考える（増補改訂版）

医療問題研究会 編

A5判　165頁　本体価格1,200円　ISBN978-4-86377-041-6

甲状腺がん多発は「スクリーニング効果」「過剰診断」、被ばくを隠す、こんな言訳が許されるのか？　医療問題研究会が、進行する福島の低線量・内部被ばくの現状を徹底分析。これからの障害の進行に警鐘を鳴らす。新たな事実・研究成果を増補。

低線量・内部被曝の危険性　—その医学的根拠—

医療問題研究会 編

A5判　119頁　本体価格1,000円　ISBN978-4-86377-018-8

低線量・内部被曝の危険性について、世界で公表されている放射線被曝についてのデータを可能な限り集め、それらを科学的に検討。わずかな被曝でも小児・成人の身体において危険であることを、現場の小児科医らがわかりやすく解説。